我真的不是潑冷水，
只是想將你從創業的美夢裡叫醒，
在現實世界中先做好準備，
別讓創業套牢了你的青春！

學習有捷徑
夢想最接近

# 潑冷水不是要澆熄熱情，
# 而是讓你更理性冷靜！

　　本書的作者杜紫宸先生，是我認識的朋友當中數一數二幽默風趣、具備喜感特質的人。每次看到他，都會令人聯想到卡通摩登原始人的主角弗萊德‧弗林史東（Fred Flintstone），因此我們都稱他杜老爺。他是我們聚會中的開心果，像個不老頑童。但別看他這樣，一旦我們聊起嚴肅的話題時，他會馬上收起自己搞笑的一面，變得比誰都還要認真，聆聽他人的意見，開始闡述自己的想法。之後，不清楚的，他回去再花時間去研究、涉獵各個領域的新知，下次再談，鍥而不捨。這樣的態度令我十分激賞，也是為什麼我誠摯推薦各位讀者一定要看過這本書的原因。

　　由於世界的經濟趨勢，已經進化到「工業4.0」，是個大量外包、智慧生產、關燈組裝的年代。而且由於人工智慧的大躍進，雲端運算、深度學習、圖形辨認能力都變得超強，加上大數據分析的普及應用，導致平台經濟的興起。UBER雖然沒有自己的車，卻發展成世界最大的租車公司；Airbnb沒有自己的房間，市值卻已勝過萬豪酒店，成為世界最大的旅館業者；而臉書的內容是你我上載，卻成為世界最大的媒體公司。在舊金山灣區，市值超過十億美元的獨角獸紛紛崛起。對個人，創業致富就像3D打印，好像可以輕易模仿。對國家，我們也要仿照美國，來個亞洲‧矽谷。

　　然而，創業這兩個字，寫起來簡單，做起來卻很難。它得要做好諸多準備，並等待天時、地利、人和的機會才能邁向成功。我們周邊都有許多好友都曾踏上創業這條險路，他們親身體驗過創業過程的險惡，熬過「一人當三人用、校長兼撞鐘」的草創初期；每一個決策都關乎存亡、戰戰兢兢的起飛期；甚至在公司穩定後，與多年夥伴翻臉、公司陷入突如其來的危機期等等。儘管在外人的眼裡，他們創業的故事總是光鮮亮麗，但背後所做的犧牲並不是一般人可以想像得到。

　　現在許多年輕人因為在媒體、社群網路、政府或學校教育中，得到了

許多關於創業「片面」的資訊和錯誤知識，例如，只單看中國大陸市場廣大，就誤以為自己能有足夠的表演舞台，沒有考量到後續的資源、人脈等問題，創業過程始終顛簸難行；又或者很多人因為共享經濟的蓬勃發展，便自以為是地產生「踏入這個圈子，我也能輕鬆分一杯羹」的不切實際幻想，卻忽略其背後所必須先了解、探討的基本科技應用、趨勢（如書中提到的物聯網、人工智慧，或未來必然會主宰經濟的工業4.0技術）等等。本書的種種案例，都顯示了年輕人們因為空有衝勁但缺乏經驗的決策，導致他們沒有多加評估創業的風險，剛出社會第一步就跌了一大跤，輸在起跑點上，這對於個人的未來發展，或國家人才的培育來說，都是件令人惋惜的事。

　　我必須澄清，我不否定年輕人的熱情。但要注意杜老爺潑向大家的幾桶冷水。將其警語謹記在心，避免陷入泥淖中而浮沉掙扎。另外，現在學校及政府對於創業其實也已經發展出一套養成的商業模式，那就是「育成中心」或所謂的「孵化器」（incubator），能夠在年輕人創業時提供一些摸索及幫助，讓年輕人在創業初期少一點點負擔。

　　又據研究，美國80％的新創公司結束育成計畫後，成立五年內還是面臨倒閉。因此後來結合創投機構的組合又有「加速器」（accelerator）的出現，讓新創公司獲得資金及指導，而創投公司也可缽盆滿盈。還有，讓創業者加入「共同工作空間」與「校友網路」，建立共同創業的革命情感及形成「創業者網路」或「創業生態系」。這些都是有心想創業者可以借鏡或善用的。

　　現實是多變又殘酷的，唯有在做好萬全準備下創業，才能將風險降至最低，至於要做好怎樣的準備呢？我想，各位可以翻開這本書，從搞懂什麼是創意、什麼叫創新、什麼又是創業開始，一點一滴做足準備。希望你們不論創業與否，職涯都能成功順遂。

台灣經濟研究院院長
台大經濟系教授　　林建甫

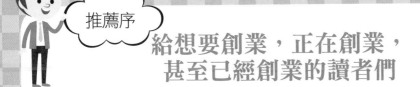

# 給想要創業，正在創業，
# 甚至已經創業的讀者們

　　為協助年輕人創業，政府許多部會推出各類型的創業競賽、育成中心、加速器或輔導計畫希望鼓勵及協助青年創業，但成效並不是很理想，為何會如此？顯然是整體計畫的構思與推動出了一些問題，如何思考其中關鍵要因以謀求解決之道，在現階段絕對比推出更多的創業競賽或輔導措施更重要。

　　基本上，會有這樣的狀況，除了整體環境對於創業的錯誤觀念之外，創業養成、人才教育、資本市場、科技研發，這四個領域之間無法形成一個完整的生態體系，而且每個環節各自為政，力量甚至彼此抵消，也是創業成效不彰的因素。

　　尤其是創業養成及人才教育的問題，許多年輕人根本搞不清楚創業是什麼？為何要創業？尤其在政府許多鼓勵計畫推波助瀾下，許多年輕人只是為了爭取國家預算來試試看，到底公司的主要產品是什麼？價值主張為何？完全沒有精準的掌握，公司日常運作的產銷人發財各項功能策略也不熟悉，無怪乎新創企業折損率會如此之高。

　　事實上，創業是一個體力與腦力的持久戰，除了創業之前需要有充分的思想準備之外，若能對創業之後可能遭遇到的問題有事先的瞭解與解決方向，成功率才會提高。只是現在大多數年輕人老愛一窩蜂，朋友創業，就跟著創業，人家開咖啡館就跟著開咖啡館，很多都是為創業而創業，不僅浪費自己的時間，也損失許多社會的資源。

為了幫助年輕人瞭解創業的本質，以及協助提高他們創業的成功機率，杜紫宸先生特別出版了這本書，期望透過另類的觀點，讓想創業的年輕人掌握創業的真相，做好各項應有的心理及實體的準備。

　　本書的內容首先從『什麼是創業』開始，介紹何謂「創意」、「創新」、「創業家精神」及『創業』的觀念。接著，說明創業前應該有什麼樣的準備，做好什麼樣的功課。同時也釐清一些目前市場大家都在談論的觀念，如共享經濟、創客經濟、品牌迷思……等，最後一部分則探討創業之後應有的思考方向。

　　作者在說明以上觀念時，不僅深入淺出，同時也以許多參考實例來輔證，流暢度及啟發性相當高。想要創業，正在創業，甚至已經創業的讀者們，此書都值得大家一讀！

資策會產業情報
研究所（MIC）所長　　詹文男

# 不是潑冷水，
# 他的腦袋比他身材精彩多了！

在人生的旅途裡，我扮演過各式各樣不同的角色，學校老師、報章媒體的主筆、廣播電視主持人、舞台劇演員，還有大家都熟知的作家，截至目前為止，我自認自己的人生過得尚算精彩豐富，想要達成的目標，也都盡力去嘗試，唯獨一件事我還沒有試過，未來也不太有機會去觸碰，那就是「創業」了。

周遭有些朋友很好奇，問我：「為什麼像你這樣熱愛嚐鮮的人，不試著創業看看呢？」確實，我也思考過這個問題，然而我對自己個性上夠了解，所以很快便打消了這念頭。

我天生是個浪漫的人，但我觀察過身邊一些創業的朋友，我注意到「創業」實在是一點也不浪漫！他們在創業初期投注相當大的精力、金錢，放棄了和家人朋友共處的時間，只為了某個夢想而持續奮鬥努力。十年、二十年過去，我得知他們的事業成功了，原以為他們應該可以開始過著無憂無慮的下半場人生，沒想到，大家見面聊天，才發現這些創業成功的朋友，每天還是日以繼夜投入工作，數十年如一日，沒有一刻能放鬆下來，雖然他們對這樣的生活已感到習慣，亦樂在其中，但在我眼裡卻感到卻步，因為他們在創業成功的背後，捨棄了許多我絕對無法捨棄的東西，我沒辦法想像以我這種個性去創業會變成怎樣，大概一蹋糊塗吧！所以一直以來，我就不曾在自己的人生清單當中寫上「創業」兩個字。

當然，除了成功創業的朋友以外，周遭更多的是失敗的例子，他

們對於創業，保持著浪漫、充滿熱忱，勇敢犧牲了很多，以交換追求「創業」這個目標，但最終由於內在或外在的各種因素而失敗了，這才認清了創業有極其殘酷的面貌。想到這裡，我內心不免覺得僥倖，要是當時我也因為好奇心作祟，貿然選擇創業，可能就不會擁有現在這樣多采多姿的人生了吧！

因此，我想要以一位「沒有創業經驗」的過來人身分，跟大家推薦杜紫宸這本書，我認為創業牽扯到一個人的個性、人生期望、面對風險的膽識和可用資源等等複雜因素的盤算，但這些，常常都在「成功創業楷模」的傳奇故事裡，被大家給忽略了，只看見結果的美好，卻忘了起頭的適合與否，過程的艱辛與否，這是很糟糕的一種忽略。

杜紫宸是個非常聰明、有才華的人，我覺得憑藉他的經歷，應該可以給每位想創業、卻還未了解自己、還沒做好準備的青年朋友們，更多更有深度的建議與想法，有助於最後做出更較正確的選擇。

無論最後你仍舊決定要創業，奮發圖強；還是決定和我一樣放棄創業念頭，多方嘗試人生的其他各種可能性，至少，讀過這本書，你也試著經過了更縝密的思考和準備，不是嗎？

最後，預祝本書作者杜紫宸新書大賣，同時誠懇建議他「再多瘦個10公斤」，以清新之姿，出現在新書發表會上，給大家驚艷！更希望每位讀者在接下來的日子裡，都能因為你經過縝密的思考，而好好享受你們獨一無二的人生！

蔡詩萍

# 蹲好馬步，
# 才能飛得更高！

　　台灣年輕人低薪的問題，最近受到廣泛熱烈的討論。面對低薪，有人選擇逃避，也有人正面迎擊，企圖讓自己走出一條更寬闊的大道，而心態不同，未來的命運也會不一樣。

　　像是有一個朋友的孩子，他是家中的長子，南部國內大學財經科系畢業，服完兵役後，他就賦閒在家，父母親急得不得了，但他卻寧可天天關在家裡當宅男、玩遊戲。問他為什麼不去求職？他說他才不想為那些低薪老闆爆肝。應要準備進入職場的年輕人，在此刻卻選擇自我逃避，我不知道他的人生要如何跨出下一步？

　　另一個正向能量的例子是，去年冬天我到矽谷參訪，在矽谷聽了無名小站創辦人簡志宇的一場演講，我對這個卅幾歲，充滿抱負的年輕人留下深刻印象。這位年輕的無名小站創辦人，在2006年以8億元把無名小站賣給楊致遠的創投公司，但是簡志宇並沒有因為年紀輕輕賺到人生第一桶大金，就開始追求享樂的人生。他加入楊致遠的創投團隊，自己進入史丹福大學繼續進修，他在校園充電，也在矽谷觀察世界新經濟的脈動；他為自己儲備能量，希望讓自己飛得更遠。

　　有一天清晨，他開著TESLA車子到旅館載我去灣區晨跑，我從灣區遠眺GOOGLE每一幢大樓，幾乎都是燈火通明。當台灣的年輕人每天在埋怨低薪、爆肝的時候，很多年輕創業家正埋首案頭，為自己前途打拚。

紫宸兄的新書「我真的不是潑冷水」，很認真寫了這本給年輕人開路的書，實在很有意義。他先把創意、創新、創業，甚至是企業家精神說清楚，告訴年輕人「想要什麼」？未來如何選擇？他從博士賣雞排談起，試圖為年輕人尋找出路。

　　紫宸兄渾身充滿熱力，他懷抱改革社會的壯志理想，他潑了很多官員們的冷水，但是對年輕人的未來，他的內心是熱的。在年輕世代面臨世界巨大競爭壓力的時候，勇於為自己尋找明天的年輕人，請大家以杜兄為師。

　　我在矽谷看到的簡志宇算是年輕世代的典範，他賺到人生第一桶金，繼續再充電，不斷拉高視野，他蹲好馬步，讓自己飛得更高更遠⋯⋯

財信傳媒集團
董事長　謝金河

## ──聰明的人別走冤枉路──

這輩子，我最得意的兩件事，一是沒攻讀 PhD，二是沒創業。

不讀博士，讓我不用苦耗四、五年的時間，更不必墜入論文與升等的深淵，讓我的人生至少多出二十年的快樂時光。

打從讀MBA開始，我就對高級專業經理人這個角色著迷。我嚮往成為頂級CEO，可以舉重若輕地扮演不同角色：在面對董事會時，豪邁地擔負起一切責任；面對基層員工時，能夠如兄長般，時而慈祥時而嚴厲地引導他們；面對刁鑽的客戶時，認真聆聽需求，並順從其意去執行。這個工作，可以說是「靜如處子，動如脫兔」，實在太讚了！誰還需要靠創業來充實人生、肯定自己呀？至少，從來不是我。

其實，在今天之前，我還有第三件人生快意事：拒絕寫書。

這三件事不做，人生是彩色的，多出許許多多的時間，你可以旅遊、可以追劇、可以直播、沒事還可以發獃。

創業的風險和代價，常常被惡意或無知地低估。坊間大力倡導年輕人創業的，不外乎三類人：討好民粹的官員、從來沒就過業的教授、翻臉如翻書的創投。

各位看官不要誤解，我雖不曾創業，但在擔任CEO的9年中，公司和個人，先後投資或合併過20家左右的新創企業，在我任職商業發

展研究院副院長和工研院產業經濟與趨勢研究中心主任時，上門求助和請教的創業團隊，更是不勝枚舉，所有個案都在顯示創業會遭遇的阻礙其實都是同個老問題，一言以蔽之就是：「創業之前，準備不足」。

　　世間多險惡，人事都難處。天真無邪的大學生，不知創業之路漫漫，沒有準備好N95等級的防護，肯定在途中就被PM 2.5般鋪天蓋地的阻礙，嗆得你無疾而終。冷靜下來想想高達98%的平均創業失敗率，你還執意向前嗎？

　　假使你不肯放棄創業的念頭，還在躑躅徬徨，那麼就先讀讀這本書吧！打了預防針，也許治不了大病，好歹可以不受感冒病毒的折磨。

目・錄

# 第 1 桶冷水

# 你得先知道什麼是創業

## 想創業的你，知道什麼是「創業」嗎？

## 為什麼大家都想創業？

# 第2桶冷水
# 告訴你創業前需要做足的準備

# 第3桶冷水

## 沒這些新知識就別急著創業

# 第4桶冷水

# 創業後你該要懂得更多

# 想創業的你，知道什麼是「創業」嗎？

　　創業，英文是 Startup。在台灣我們常常將「創意」、「創新」、「創業家精神」這三個詞與「創業」擺在一起討論，因為它們具有一定的關聯性。然而，它們之間一定相等嗎？

　　在中文裡，這四個詞有個共通點，那就是都有「創」這個字根，也因為如此，我們進而衍生出了如「三創（創意＋創新＋創業）」或「四創（比三創再多一項創業家精神）」的概念，但這些或許都只是個美麗的誤會。為什麼呢？我們能從英文的角度來看，創意叫作 Creativity，創新叫做 Innovation，創業家精神則是 Entrepreneurial spirit，他們的字根截然不同，便說明了彼此間存在著不小差異。

　　這也是為什麼我們常常搞錯，以為「創意就等於創新」，或是產生「有創意就應該創業」之類的誤解，久而久之，甚至連學校老師都不明白自己到底是在鼓勵學生「增加創意」，還是鼓勵學生「放膽創業」了。至於其他政府官員、學者教授、社會運動者等就更不必說了，他們待在自己的象牙塔裡太久，無法與外界產生共鳴，又何況是才正準備踏入社會的年輕人呢？

所以，在你出現了創業的想法，準備去行動以前，請暫且先停下腳步，搞懂「創業」到底是什麼？才能確切地知道自己真正想走的，是否真是創業這條路。

意 Creativity
新 Innovation
業家精神 Entrepreneurship
業 Startup

 ## 首先，先來理解「創意」是什麼？

所謂「有創意」，就是時常能出現和別人與眾不同的想法，或想出可以跳出框架（out of the box）的做法。舉例來說，當老師問了一個問題，大家全都照本宣科回答時，你卻說了一個十分搞笑的答案；或者小組中每個人都被某個難題困住、討論進展呈現無限迴圈時，你能提出一個方法，是正統想法所想不到的好主意（a good idea），這些都能稱之為「創意」。

創意怎麼來？一方面和天份有關，有些人的思維天生就容易跳出窠臼、突破一般人的邏輯限制；另一方面創意也與教育有關，這裡的教育並非指「教育的程度」，而是「教育的過程」，如果一個人從小就是個乖乖牌，永遠奉老師的指導為最高行動準則，那麼老師交代任何事，他一定都會遵行並完成，但那些老師沒要求的，他也絕對不會多做，像這樣的過程就是負面的訓練，會讓人降低發揮創意的意願，創造力自然日漸減少。

## 如何提升創意？

　　創意的相反詞就是「規矩」，人越守規矩，或組織越要求守規矩、守紀律，創造力就會越來越低，因此「如何提升創意」便成為一門學問。

　　想要增強創意的方法有很多，比如，讓學校的老師時常出一些沒有正確解答的題目，讓學生從小培養思考、創造的能力，由他們自己去想主意，這些主意可以滿足需求，而不是百分之百按照課本教育上的方式去解決問題，這就是所謂的創意（創造力）。組織或企業也一樣，若沒有創意，就會變得陳腐、失去生命力，特別是在規模較大的組織中，更得想辦法增進創意。以下我將舉例兩種方法供大家參考。

　　第一種，是帶一個異質的人進來組織，他不是這個行業領域的人，所以一旦進入這個工作環境後，就可能產生很多疑問：「為什麼你們要這樣做？」、「為什麼做事的順序是這樣？」、「為什麼做完 A 以後不接著

再做 B ？」等等，這種異質的人有助於組織創意，或個人工作創意的改變，是一種常用的方法。

　　第二種，是鼓勵團體用「綠燈信號」討論事情。傳統上我們稱它為「腦力激盪」，而大陸則叫做「腦力風暴」，在這類會議中，不會有任何禁忌，無論意見多瘋狂，彼此都不能互相批評，並要求每個人盡可能地從其他人的意見裡去延伸，讓團體討論中冒出更多異想天開的想法，無限制地發展，才能激發出更多創意。

　　現今社會裡，有許多固定式組織（企業、公司、政府機關等），他們深怕周而復始的工作內容會導致組織成員失去創造力，因此每一季、每半年、每一年都會去特別創造一個情境，讓成員在山明水秀、心情放鬆的地方，不分階級地（拔階）去做一些腦力激盪的活動。所以創意本身對一般個人或組織，無論是新創公司還是大型企業都相當重要，即便是軍隊或是鴻海這種工時長、工資低的工業環境，也都會去做一點創意活動，來跳脫規矩和紀律，以求提升創意。

 ## 接著，再來看看什麼是「創新」？

　　「創新」是這幾個詞當中最接近管理學、經濟學理論的一個，他被下過非常多的定義與辯證，有些人會強調它的結構、或它最後的長相，認為一定要是一種產品、服務或讓別人感覺到有價值的一種概念。於是我們反過來說，不論結果是產品、服務還是有價概念，只要我們能透過「商業模式」來加以推廣、擴大、獲利，就能稱它為一種「創新」。

比較特別的是，創新不適用在個人的主體上，它的主體是有參與創新的人，可能是公司、研發團隊，也可能是志同道合的人。創新產生以後，得透過組織（如企業）來延展服務範圍、擴大受眾群，並得到經濟報酬。所以一般提到創新，我們通常都是指企業或非營利組織，當然政府單位也可以算是一種。

和創意相比，創新的定義似乎比較抽象，所以這裡舉幾個例子讓大家參考，或許能對創新這個詞有比較具體的感受。以下我們將提到 3 種常被提及的創新，分別是「技術創新」、「程序流程創新」和「觀念創新」。

## 技術創新

這是一般人最能直接聯想到的創新方式，比方說以前我們使用有線電話，接著進化變成無線電話，再到現在大家人手一支智慧型手機；又或者從前的人搭馬車，接著汽車的出現取代了馬車，而後人們又創造出比汽車擁有更大移動能力的飛機等等，這類技術創新的例子不勝枚舉。

## 程序流程創新

前面提到了汽車，所以這裡就繼續以汽車來舉例。在汽車出現的初期，它的價格高昂，只有上流社會的人才買得起，因為它的製造方式與流程相當複雜，當時的汽車得由一組工匠在工廠裡合力完成（英文叫做 workshop），這些工匠們各司其職，分別完成木工、金屬、引擎、喇叭等作業，最後在忙得焦頭爛額下，才能完成「一輛汽車」。

此時，亨利福特一世出現了。亨利福特一世做了一項創舉，他設計出一款「標準的汽車」，他稱為「T 型車」，先將車子細分成數百個零件，比如方向盤、保險桿、剎車等，然後把這些零組件的製造工作，外發到專精於各項零件生產的單位去，以生產線的方式製造並拼裝組合而成、大量生產。這樣的做法，使得汽車製造的速度提升，並大大降低生產成本，價位可以更親民便宜，讓非高所得的中產階級也能買得起。

在此過程中，汽車製造的「技術」並沒有改變，亨利福特一世單單只有調整了生產的流程，就將福特汽車一舉推上全世界最大汽車公司的王座，這就是「程序流程創新」的一個例子。

# 原始製程：

數組工匠在工廠內合力製造、組裝完成「一輛車」。

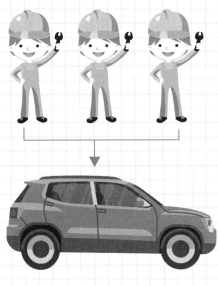

# 福特製程：

將汽車細分成各部位，以標準化設計發包給各工廠，並大量生產。

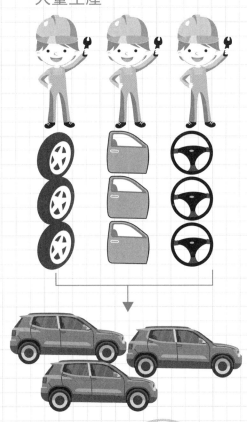

**創業動動腦** **程序流程創新**

　　某快遞公司的服務範圍內有 200 座城市，彼此距離很遠，需要出動飛機才能運送文件。假設今天每座城市都有文件需要寄送到其他城市，請問對於快遞公司來說，該怎麼在流程上做創新，才能最有效率？（答案參考 P.030）

## 觀念創新

我們延續前面提到福特汽車的故事。在 1940、1950 年代叱吒風雲的福特汽車，之後終究還是被後進的通用汽車打敗了，為什麼呢？因為通用汽車發展出「觀念創新」。

亨利福特一世畢生的志願，就是製造一部「功能近乎 99 分，且價格是每個人都買得起的車」，因為如此他成功製造了 T 型車。然而通用汽車想的卻不一樣，他們發現在汽車的價格降低之後，其實每個消費者對於汽車的需求並不相同，於是他們將這些需求分類，一種是交集，一種是聯集。

所謂交集，就是大家對汽車的基本要求，例如要能移動、要具安全性；至於聯集，則是每個人對汽車的不同需求，比方說外型、內裝等等。對亨利福特一世來說，他的做法是將所有人的聯集都拉進交集裡頭，因此買家無論需求如何，都只能接受同樣的一款汽車，而通用汽車就是看出了福特汽車的盲點，便將汽車的買主分成五大類 —— 年輕人為求拉風，喜歡敞篷和流線造型，但他們的所得不高，所以通用就設計了雪佛萊；中產階級心智成熟，偏愛中規中矩的款式，於是通用就設計了別克；對於高所得的有錢人，他們喜歡豪華、貴氣不凡的感覺，因此通用設計了凱迪拉克；

另外還有一些人追求在路上奔馳的速度感，通用也為此設計了龐迪亞克。最後，通用汽車憑藉市場區隔這一招，快速瓦解掉福特汽車的帝國。

在這個故事中，通用汽車的「技術」並沒有改變，「流程」也是效法亨利福特一世，唯獨在「觀念」上與眾不同，這就是觀念創新。

# 福特汽車：

設計一款「標準」汽車，大量生產，希望所有顧客都開這一款汽車。

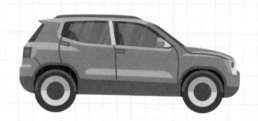

# 通用汽車：

根據不同的市場區隔，為各種需求的顧客開發不同款式的汽車。

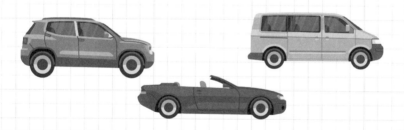

**創業動動腦** ▸ **觀念創新**

　　某間牙膏廠商憑藉良好的品質與品牌，已經成為市場占有率第一的公司，但老闆這時問你：「現在市場好像已經飽和了，你有辦法再提升 10% 的銷售量嗎？」，在不考慮擴大海外市場的前提下，你會怎麼回答？（答案參考 P.032）

# 再來，了解所謂的「創業家精神」？

創業家精神是 20 世紀最偉大的管理學家 —— 彼得杜拉克所提出的，他認為許多創業者具備的態度及特質致使他們成功。例如，他們會對一件事非常熱愛、堅持，並想辦法說服其他人來接受這樣的概念，不僅如此，他們還把這樣的行為運用在商業上、政治上做為一種革命，不論是客戶、同僚亦或整個社會大眾，以求理念為大家所接受。他們把這件事視為信仰，即使遇到困難也會勇往直前，這就稱之為創業家精神。

有些人可能會誤解，以為每位企業家都具備創業家精神，然而兩者間還是有差別的，因為一個企業家的財富可能是源自於幸運、遺產、意外的土地增值等不勞而獲的結果，因此這與創業家精神便沒有太大的關係；反之，一個不是大老闆的人，也可能全身上下都散發著創業家精神，他可能創業數次也失敗數次，但他鍥而不捨地追求、說服別人，之後是否成功仍未成定局，此時你可以說他的創業家精神時時顯露無遺。

另一個有資格稱為創業家精神的條件，是懂得共享。他願意分享他的想法、成功要訣、事業，並協助別人（這些人可能是員工、可能是年輕人）成功。舉例來說，施振榮就具創業家精神，而徐旭東則沒有。創業家精神就是一個人希望自己的成功，能夠為別人也帶來成功，或者至少願意把他創意的經驗分享，並提出願景，告訴後人往哪個方向走，成功機率會比較高。

## 然後，我們開始思考何謂「創業」？

　　在了解「創意」、「創新」和「創業家精神」以後，現在總算能談談「創業」了。先來個舉例，某人在某天靈光一閃，產生了一個好的創意想法，於是他成立了間企業。這間企業可以是獨資、可以是合夥、可以是有限合夥、也能夠是股份有限公司，事實上無論哪一種都不重要，這些法律上的形式只是用來約束參與者的權利與義務，真正重要的是他利用這間企業，將這個創意轉化為創新，生成產品服務，並且以商業模式來擴大它的範圍，獲取商業利益，這即是我們今天要談的，將一個好的創意，透過好的商業組織或商業模式的設計，使它變成一種可持續性、可規模化的創新，上述的過程就叫創業。

　　換句話說，原本我有個創意，我可以單純用這個創意來幫助我自己，但我卻選擇了透過企業的商業本體，讓服務規模化，擁有可擴充性（Scalability），成為一種創新並幫助到數十萬人，這就是創業。

## 於是我們發現創業的盲點

　　上述的創業說明，看似簡單又十分理想，那是由於我們常會忽略掉創業所產生的 2 種盲點。

　　第一，創業的過程中常會碰到一些問題導致失敗，這有可能是你的創意不足；有可能是你在成立的過程中，犯了一些無效率或是不適當的錯誤；也有可能是在可擴充性的商業模式上面設計得並不恰當，使你出師未

捷身先死，售出幾個產品後就倒閉了，有句話說中道崩殂，這種案例俯拾皆是，甚至可說是絕大多數。「為了創業而創業，沒有評估是否具備創意和創新」，是初出社會就創業的年輕人常忽略的盲點之一。

　　盲點之二，是「誤以為有了創意就應該創業」。要做到成功創業一定得有創意，且一定要能形成創新，意指創新和創意是創業的充份條件，你做不到這兩件事情，創業就不會成功。但反過來說，創意和創新不一定要在創業中產生，它們可以存在於一個已經營百年的公司裡，這樣的公司依舊能夠提供資源，使你的創意得以化為創新，舉例來說大家常常推崇的 Google 公司，就提供了一個能夠讓員工自由發揮創意的環境，然而，我們常對就業存有刻板印象，認為一旦寄人籬下就沒辦法發揮所長，所以貿然下了步險棋，掉入創業的盲點當中。

　　現在我們理解了什麼是創意、什麼是創新、什麼是創業以後，就要開始思考另一個問題：你的動機，你為什麼要創業？這將會在下一個主題中談起。

**創業動動腦** **程序流程創新──關鍵分析**（題目請見 P.024）

　　一般而言，如果每個城市都有文件要寄送到彼此手中，最直觀的做法，就是各自從所在地起飛，直達目的地。這樣的做法需要出動多少架飛機呢？原先題目的 200 個城市感覺很多，因此以下先簡化為 5 個城市（ABCDE）方便計算。

　　如此一來，每個城市扣除掉自己以外，必須各出動 4 台飛機至別的城市，現在共有 5 個城市，所以得要出動 4x5=20 班飛機才行。這種方法可行，但卻會發生「A 地只有一封信要送達 B 地，但得花了一趟飛機的成本」這種不符效率的事情。

　　所以更好的辦法，是先選定一個位處中間的城市，假設是 C 好了，每座城市的文件都先聚集到 C，接著再由城市 C 統一整理分配後出動飛機寄送文件至其他 4 個城市。重新計算一下這麼做的成本：城市 ABDE 都只需要出動一架飛機飛到城市 C，而城市 C 在統一整理、重新分配文件後，也只需要出動 4 架飛機到 ABDE（其它城市要送到 C 的文件並不需要再出動飛機），所以總共要飛的趟數只有 4+4=8 趟，整整省下原先 20 班飛機一半以上的成本（更不用說原題目有 200 個城市，前後差距顯著）。

　　這是快遞公司 UPS 之所以能夠在美國佔據一席之地的實際案例，憑藉這套「程序流程創新」，UPS 減少運輸成本、降低價格，滿足了美國各州間快遞文件貨物的需求，如今也成為世界各大快遞公司作業流程上的典範。

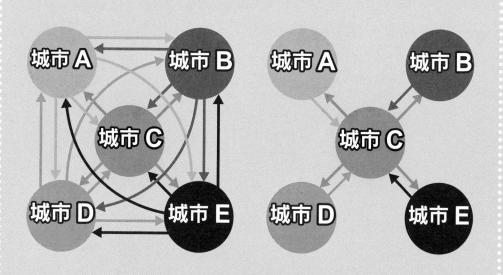

　　這是在高露潔牙膏公司發生過的真實案例。高露潔是美國最大的牙膏品牌，他佔據牙膏市場已達飽和狀態，然而一間公司在追求利潤的慾望上永遠不會感覺滿足，於是某天，高露潔的董事長開放員工提案，只要能想到辦法，將銷售量再提升 10%，就提供 1000 萬美元獎金。

　　因為平時高露潔在各種行銷廣告、促銷、通路上架曝光等環節，已經做到近乎完美的境界了，所以沒人想得出更好的方法，直到一名基層員工站出來，向董事長提出一個相當簡單、卻沒人想到的辦法 ── 把牙膏的開口做大一點點。

　　因為開口變大，平常在使用高露潔的顧客便會不知不覺地較快消耗完牙膏，然後購買一條新的牙膏。果然，這樣一個看似不起眼的方法，幫助高露潔擺脫市場飽和後新顧客難以再增加的困境，以現有的顧客群，有效提升銷售量，成功達成公司要求。

# 為什麼大家都想創業？

前面我們提到了創業的盲點，有些人忽略衡量風險的重要性，為了創業而創業；有些人則是因為誤解創業的定義，以為有了創意就應該要創業。上述兩種狀況都容易造成創業的失敗，所以，搞清楚自己創業的動機，將能有效降低創業後失敗的機率。

 ## 年輕人的選擇

人之所以會產生創業的動機、想法，就是因為創業具有吸引力。

首先，我想問個簡單的問題。在以下兩份工作中，你會選擇何者？

Ⓐ 台積電的製程工程師，月收入 7 萬元台幣，工作內容單調，每天工時 14 小時。

Ⓑ 在夜市賣雞排，月收入 3 萬 5 千元台幣，每天工時 4 小時。

以上是個真實的案例，相信大家也都在新聞上看過。2009 年在批踢踢實業坊（PTT）論壇上的一篇文章中，一名台大電機研究所的準畢業生，在貼文中詢問了這個問題，希望網友們提出建議，結果其中有高達 85% 的人提議他去賣雞排，而不是選擇過去人人稱羨的台積電工作。這結果顯

示了現在年輕人對工作的觀念，年輕人認為那種專業時間長的工作雖然待遇好，但卻不該是選擇的項目，反而是像賣雞排這類，既能在夜市裡與人對話，領取不多但一定金額的報酬，同時又可以經營自己生活的工作較具吸引力。

在這個故事裡，我們可以探討兩個層面，其一是「教育的目的只是為了就業嗎？」，其二則是「年輕人想要什麼？」。

##  教育的目的只是為了就業嗎？

對於老年人、教育單位或國家來說，在大學普及率世界第一的台灣，大學生畢業後應該要投入智慧性的工作，成為白領階級，而不應從事原

始、勞動性或是體制外工作，因為他們會認為社會花了如此多成本讓一個人取得博士學位，如果去從事賣雞排的工作，就是成本浪費。

但我認為這種觀念是不正確的，因為教育所教的，是各種人事物的看法和學習能力，尤其是大學，**大學不像職業學校，只教工作技巧而已，其核心概念原本就非教導就業技能，而是幫助公民素質得以提升，以及就業能力的增加**，但若他最終選擇了一個和他所學無關的工作，那屬於個人自由，我們不能因此就否定了教育的價值，甚至認定在他身上的投資是一種浪費。

 **年輕人想要什麼？**

同樣地，我們也不應強迫他放棄賣雞排，再回到博士該做的工作崗位上，因為我們是自由國家，我們該做的是了解年輕人心中第一志願的工作是什麼？如果讓他選擇，他會怎麼下決定？目前看來，現在年輕人比起上一代更重視自我掌控的時間與生活的經營，他們之所以選擇賣雞排，是由於這項工作可以用較少收入換取更多屬於自己的時間；再者，就是現在年輕人偏好保留工作的趣味及自由度，若一份工作得按部就班地做，不允許發生任何一點錯誤，對年輕人來說即便產品價值再高也還是份無趣的工作。

從這裡可以看出，創業對於年輕人的吸引力，有很大一部份基於「**能夠擁有更高的時間自主性**」。

## 創業對年輕人的吸引力

　　之所以會產生創業的動機、想法，就是因為創業具有吸引力。

　　剛才雖說年輕人較喜歡「高時間自主性」的工作，但也不能就這樣妄下定論，認為工作的自主性高低完全決定年輕人創業與否。我們把上述的例子改編一下，要是這名研究生發現，賣雞排一個月只能拿到 1 萬 5 千元的報酬而不是 3 萬 5 千元，他還是會放棄台機電的工作嗎？可能就不會了，因為那不符他生活的基本開銷。

　　歸納過後，我將結論修正為「年輕人嚮往的是在最低所需報酬以上，能得到最多自由時間和樂趣的工作」。簡單一比較，就能發現目前社會上一般企業提供的「相對高報酬，低自由度，個人時間少」的工作特質，和年輕人希望從事的工作機會是兩種極端，明顯背道而馳，相互衝突的結果，造成許多年輕人決定創業。

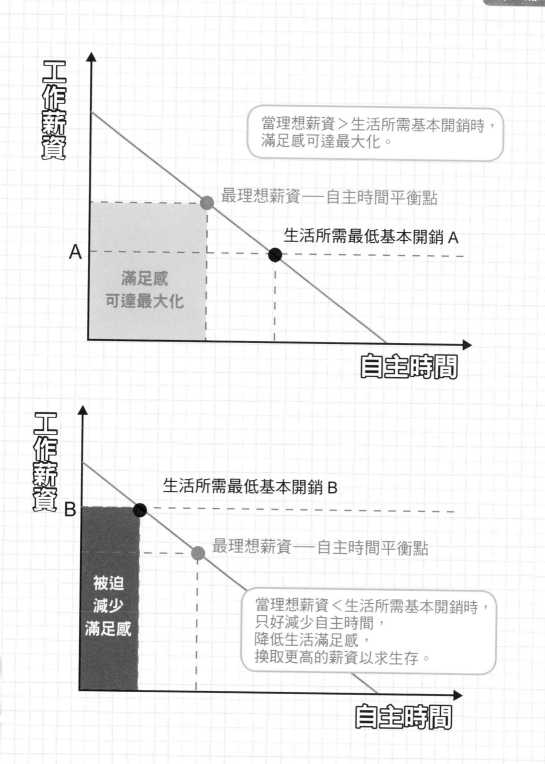

# 你對「創業」的看法正確嗎？

前述提到創業對年輕人的吸引力，接下來我們看看創業可能會遇到的困境，以及創業者常會產生的錯誤迷思。無論是賣雞排，還是當台機電的工程師，這名主角都還是得面對一個現實的問題 —— 他能不能賺到錢？他的客戶買不買單？就像前一個主題所説的，如果賣雞排的收入是月薪 1 萬 5 千元而不是 3 萬 5 千元，那這個創業就存在極高的風險，這就是創業的困境。所以你必須去審視自己的能耐和資源，不能對創業產生誤解，否則就容易失敗。

 ## 錯誤看法 1：一開始就搞錯創業的意義

並不是不就業、自己當老闆就能稱為創業。我想這個道理很簡單，當你創業時，你不會希望自己 20 、30 年後賺取的利潤比不上在公司穩紮穩打領分紅的同學，你在創業時預想的不應該是這樣的故事，如果你想的是這種故事，那我會建議你去當農夫。

農夫並沒有不好，台灣現在有很多人在工作一段時間後回到農村，沒有地也沒關係，可以向地主租，這時你可以自己去研究想種的作物，自己

去實驗嘗試，失敗就向別人學習，或換種作物試試，身為一名農夫，沒人能約束你想做什麼、該做什麼，你不必被規定幾點一定要上田，甚至如果偶爾想偷懶休息個一天，也不會被扣薪，儘管這份工作收入不高，但大體上還算過得去。這樣看起來，也沒什麼不好吧？

但是這有個問題，如果你永遠用這種態度去看待，而沒有用創業精神去經營，那你到老了以後，還是原有的收入模式，頂多你做久了、身手熟練了點，原本能種一分田的大小，之後能種到三分田，增加少許的收入 —— 如果你的目標是這樣，那請不要將它視為一種創業。

我相信每個年輕人會想要創業，一定是希望把事情擴大，產生巨大的成就感及商業回饋，既然創業的目的就是假設現在做的東西可以產生十倍、百倍、千倍的成功，那你當然得受成功要素的制約，即便是賣雞排的台大研究生，也不會把「永遠都領 3 萬 5 千元的薪水」當成人生目標，而是在「擁有高自主性」為前提下，追求不斷成長進步。所以，**當你對創業的著眼點，只放在自由度與樂趣上，卻沒運用創意、創新來達成更高成就的慾望時，我建議你別輕易創業。**

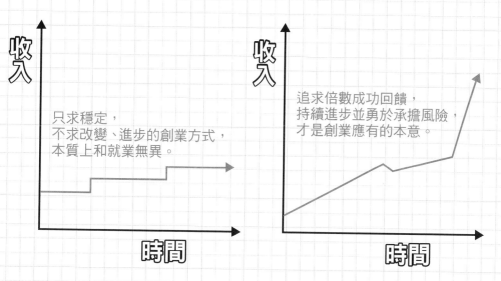

收入 / 時間

只求穩定，
不求改變、進步的創業方式，
本質上和就業無異。

收入 / 時間

追求倍數成功回饋，
持續進步並勇於承擔風險，
才是創業應有的本意。

# 錯誤看法 2：將別人的成功經驗投射在自己身上

創業追求的必然是高的成就、高的經濟報酬，認為經過一段時間努力（大部份年輕人會認為約 3～5 年左右），撐過這段期間，就會到達一定的規模，拿到第一桶金，然後或許會有人出現買下我的企業，或著我可以讓公司上市上櫃，接著不斷累積，得到人生中的第十桶金、第一百桶金，從此過著幸福快樂的生活。

這個假設要面對一個相當嚴格的檢驗。據統計，從 1990 年到現在，無論國內還是海外，個人小型企業創業成功的比例並不高，其中又可以分成 22～35 歲創業，跟 35 歲以後創業兩種，這兩者間成功的比例也有顯著差異。資料顯示，35 歲以後創業的人，因為他已經具備一些工作和社會經驗，他們了解商業社會上的遊戲規則，所以成功機率高於剛畢業即創業的人士。

但說到這裡，有很多年輕人會舉出如比爾蓋茲、馬克祖克柏的例子，認為這些人都是在學生時期發跡，一個是休學，一個是從學校裡就開啟事業，想反證這些統計資料是錯誤的。沒錯，這些人的確是在相當年輕時就成功創業的範例、楷模，但我想說的是，這些人的成功，有很大一部分歸功於「幸運」，畢竟與他們做一樣事情的人多如過江之鯽，但最終成功的卻只有少數，如果創業得靠這種萬分之一的機會，那我也只能祝你好運。

　　再者，很現實地，比爾蓋茲與馬克祖克柏和我們最大的不同，在於他們所處的環境（美國）與我們（台灣）根本大相逕庭，這兩個地方對於創業的友善度根本無法相提並論。以下我將簡單舉例說明。

## 美國學生與台灣學生的差異

　　美國的小孩在十六、十八歲後就被要求得自己負擔生活經費，即便家裡再有錢，也需要打工，所以不論是比爾蓋茲或是馬克祖克柏，他們從小便有工作的經驗，甚至在念大學之前就有一定的社會歷練。相比之下，在臺灣，一個剛從大學畢業的學生走出校園，他對社會經驗和商業模式的理解非常有限，因為台灣大學生通常是全職學生，尤其是名校（私立學校較多弱勢族群，半工半讀的比例較高），如台大、清大、交大、成大、政大的學生，許多都沒有過社會歷練，他們大多數時間待在校園，或者在網路上與人互動，且網路上所接觸的也非形形色色各類社會人士，這就會成為創業的一道屏障。

　　作為一個創業者，必須要跟人交往，買原料時和供應商交往；賣產品時和客戶來往；要求補助時就和政府來往；租辦公室時得和房東來往；此外，你應徵員工，或員工要離職了，你要怎麼留住他？員工之間互看不順眼，發生爭執，你要如何處理？這些瑣碎的問題，看起來像柴米油鹽醬醋茶，在創業裡是稀鬆平常的事，可是如果你過去沒有任何經歷，是不會曉得該如何下手的，更甚者有人到五十歲也不會做這些事情。

##  美國環境與台灣環境的差異

好了，剛才提到的是兩個國家間學生的差異，那我們再假設，某個台灣學生在大學時期就開始工讀，累積了很多實戰社會經驗，他有可能尋比爾蓋茲或馬克祖克柏的模式達到成功嗎？

此時的變數就是環境了。先說比爾蓋茲，你必須了解，比爾蓋茲的父母都是猶太人，所以比爾蓋茲從小就受猶太教育，要自立自強，而他的父母，一個是企業家，另一個是名律師，在這樣前提下，比爾蓋茲不必擔心自己如果失敗了以後會有什麼風險。此時你可能會說：「那就尋求天使資金的幫助呀！」，確實，很多美國人在矽谷透過天使資金的援助得以成功創業，但在臺灣不是這樣子，臺灣並不是矽谷，或者能說全球都不是矽谷，不能一概而論。

我們一提到創業，常常就會提到天使基金，創業導師等，也會說臺灣要學習矽谷，然而矽谷全球就只有一個，即使是美國的其他地方，也和矽谷不同，不如矽谷的環境，有那麼多的創業導師、天使基金，在最開始的時候就投入金錢，起初先來一百萬，做到一定程度後再給五百萬，接著再給你一千萬……那是矽谷自己的遊戲規則，大多數地方與環境根本沒有這種機制。

所以臺灣年輕人要創業，跟在矽谷承擔的風險是不一樣的，對他們而言，錢的來源從何而來？誰是他們的天使？就是爸爸媽媽。但是統計上看來，年輕人創業成功的機率只有 2% 到 3%，剩下超過 90% 的機會，他會虧掉父母的退休金，或者是二十年的存款，這是件很悲傷的事情。

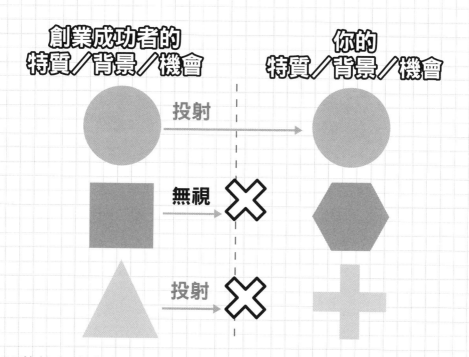

誤將他人的成功經驗投射在自己身上，是創業最常犯的錯誤。

 **錯誤看法 3：掉入政府的創業政策陷阱中**

由於矽谷那一套規則不可行，於是，我們就出現了自己的玩法。

在經濟不景氣的時候，國家會出現失業率高漲的問題，其中大學應屆畢業生的失業率會比國家失業率數字來得更高，比如台灣目前平均失業率不到 4%，但大學應屆畢業生卻接近 10%。這是很一般的現象，全球各國都一樣，因為當公司需要緊縮時，它會希望盡可能地節省人事開銷，找尋有經驗的人直接上手，省去培養新人的成本。

於是政府便出手了，政府的政策是「鼓勵青年創業」，為什麼呢？因為一旦有人創業，失業率便會下降，人民可以看到數字上顯著的改變，然而，這是正確的嗎？當然不是！因為大多數受鼓勵而去創業的年輕人，他們的精神與能力絕對都是在就業職場上會被企業錄取的類型，他們有機會先進入職場學習，而後再找合適時機自行創業，卻被錯誤的誘導做了失敗率較高的選擇。政府為了要堵住一個小洞，用盡了資源，以鼓勵年輕人創業來面對不景氣這件事作為對策，這完全不是對症下藥。

##  錯誤看法 4：小看創業失敗後的結果

政府官員、學校教授為了撫平年輕人覺得企業起薪太低的抱怨，他們開始鼓勵青年創業。假設其中有 1000 人做了創業的決定，最終僅有 10 人成功，剩下 990 人皆於過程中被淘汰，那麼，他們有什麼退路與選擇？

(A) 開始進入企業就職，累積財力及經驗。

(B) 繼續創業，直到成功為止。

簡單來說就是以上兩個選項，因此接下來我們將個別分析。

###  創業失敗後，選擇回到職場工作

台灣有位知名的創投業者林之晨，經常鼓勵年輕人創業，他的說法是：「就算不幸創業失敗，回到職場以後，起薪也能有 6 萬 5 千元。」乍聽之下好像有道理，也使創業這個選擇多了點誘因，但理性想想就會發現，

一個創業失敗者所比較的標的，不應該是這 6 萬 5 千元，因為會敢於創業的人，一般都比較有想法，也較他人積極，如果放在就業市場，則他的升遷機會相對同事絕對要來得大上許多；接著再從另一面向探討，他在創業的過程中可能已經花費了 5 ～ 8 年的時間才失敗，假使他一開始便先進入就業市場，累積經驗和資本，現在可能早就超越 6 萬 5 千元的價值了。

如此看來，「創業失敗後再投入就業」這條退路只能說是不得已的選擇，並不是最佳的選項。所以如果有人說：「不用擔心，創業失敗後還是找得到工作。」這是廢話，當然可以找到，但得要花時間重新思考。

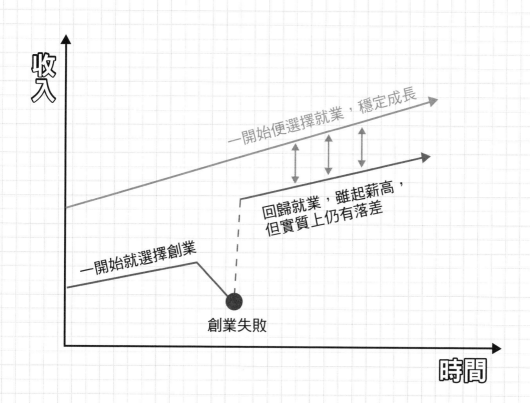

## 創業失敗後，選擇繼續創業

　　因為受過社會歷練了，所以再創業一般說起來，有過失敗經驗，成功的機率便會提高，可是此時他已經沒有資源了，必須重新累積創意和財力，他必須再投入 5 年的時間來試第二次，且不保證第二次就會成功，這個時候他可能已經有了女朋友，準備成立家庭和育養小孩，他開始有了些包袱，必須猶豫是不是可以再做創業這件高風險的事情，因為前一個工作耗費了七年、十年而失敗了，接著他便會懷著這樣的陰影在心裡。又或許，他的目標很明確，並不躊躇而是直接豪賭決定繼續創業，那又如何呢？表面上看似具備了經驗，實際上也花費比別人更多的時間摸索嘗試，「創業失敗後再次創業」並非是不能選擇的路，但它也不會是 100% 成功的路，更甚者還可能成為不可自拔的地獄深淵。

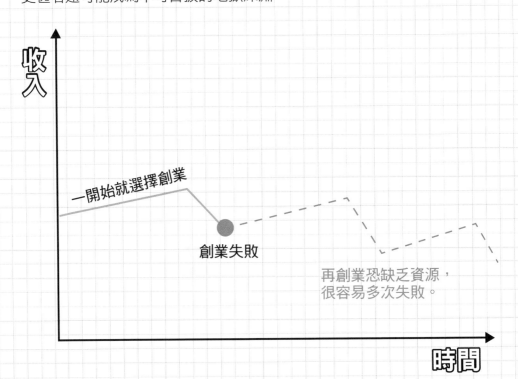

收入

一開始就選擇創業

創業失敗

再創業恐缺乏資源，
很容易多次失敗。

時間

因為創業成功的結果相當美好，所以掩蓋了它失敗時的殘酷樣貌，許多年輕人憑藉著一股熱情投入創業環境，橫衝直撞，就像一輛汽車駛進一片大沙漠，結果時間一久，熱情消逝，車子沒油了，卡在沙漠當中進退不得⋯⋯為了減少這樣的事情發生，以下我列出七個問題：

**❶** 你想創業嗎？（還是單純不想就業？）

**❷** 你的心理和生活背景能承擔高失敗風險的挑戰嗎？

**❸** 你已經具備了創業所需的「創意」嗎？

**❹** 你確定創業是你追求的終極目標嗎？（或是只想享受發揮創意的過程？）

**❺** 你的創意能否「創新」，達到足以創業的規模？

**❻** 你有足夠的資源支撐你創業嗎？

**❼** 你做好「創業失敗後，一切都得從零（甚至負數）開始」的準備嗎？

有創業想法的你，以上列出的七點可以試著自問自答，好好思考一下。如果你每一題的答案都是肯定的，那麼你或許能夠嘗試看看創業這條路，但這並非能保證你在創業路途上一帆風順，只代表了事前你已做好最基本的心理建設，往後的各種須克服的變化才是你真正的挑戰；若是這七題當中，有任何一題你答了否定的答案，那我便奉勸你先緩下腳步，重新思考「創業是我唯一的路嗎？」，別因為一時衝動掉入創業的陷阱當中，花點時間多做準備，甚至先進入職場累積實力、人脈，等待時機成熟再啟航，才是理性的做法。

# 想要創業的你，
# 在這第一桶冷水中學會了多少呢？

**Q** 創意、創新、創業，三個名詞彼此代表的意義有何類似處？有何相異處？寫下你目前的現狀，分析是屬於創意、創新、創業中的哪個階段。

**Q** 如果一個團體增加異質背景的成員，通常可以增加還是減少團體的創意？請評估你的身邊是否存在這樣的創業夥伴或朋友。

**Q** 創新(innovation)的結果，除了運用技術面的突破，發明一種新產品(product)以外，還能有哪些層面的創新方式呢？

**Q** 承上題，創新不一定來自技術的突破或發明，你能找到生活中有哪些企業或團體，運用技術面以外的創新，值得你效法借鏡的嗎？

**Q** 福特T型車的個案告訴我們：消費者的需求，是一致的，抑或不盡相同？並請思考你的創業計畫中所預設的消費者輪廓為何？

**Q** 如何檢驗創業的可擴大性(Scalability)和可持續性的(Sustainability)？請思考自己的創業計畫是否具有上述這兩項特質。

**Q** 你認為選擇創業，通常會讓年輕人有比較自由的時間，待遇也會相對提高嗎？為什麼呢？

**Q** 究竟應該選擇「畢業先就業，五年後再創業」，或「畢業後先創業，如果失敗再就業」？或可因人而異？你認為那個模式比較適合你？

想知道更多關於創業的知識嗎？
掃描QR code，直接在臉書上和杜老師來場腦力激盪吧！

# 創業時，
# 你有先做足功課嗎？

　　若你已經決定創業，或是有一些想要創業的念頭，我建議創業前，一定要做足功課。因為許多人本來有不錯的未來，卻因毫無準備一頭熱地上場，嚐到失敗後從此一蹶不振，豈不是很可惜嗎？

　　我認為無論在學校是不是學商的年輕人，創業前都應該多做一些功課，熟悉基本的商業理論，找一些成功與失敗的案例參考，以減少失敗的機率。

 **首先，先搞懂傳統市場學裡的基本原理**

　　「市場學」其實是門很老的學問，沒有一百年也有六十年。我認為不管新經濟再怎麼發展，工具再怎麼變，不論經濟模式叫「創客模式」或是「共享經濟」，有一件大家都沒有注意到的事情，就是「消費者的心態沒有改變」。消費者對物品的需求、願不願意買東西，他的認知、意願會受到什麼影響，以及他對價格的感受，這些都是市場學與行銷學會提到的內容。

許多年輕人以為新經濟改變了消費者和供給者之間的關係、改變了商品和營運模式，就因此忽略傳統市場學裡的基本原理，這是非常可惜的。以下藉由幾個例子，將一些市場學的原理原則套用在新經濟裡，這些原理原則 80% ～ 90% 仍然適用。

## 經營時須考慮的基本三要素：1. 集客力

集客力簡單來說，就是能夠吸引多少客人來我販賣的地點。如果再講準確一點，就是「我可以聚集多少能購買、會購買，並且是我原先設定的目標族群（TA）來到我的販賣地點」。如果只逛不買，或來的人不是我原先所設定的族群，就應該先排除。我們在此主要計算的是有效且原先設定的目標客戶族群，在一個時間段落裡，能進來多少人且會和我接觸。

## 經營時須考慮的基本三要素：2. 提袋率 X 客單價

當目標客戶族群進來，並接觸到我了，他有沒有買、買了多少？這就是傳統行銷學上講的「提袋率」和「客單價」。舉例來說，如果我的便利商店一天進來 1000 人，這 1000 中有 650 個人消費，我的提袋率就是 65%。假設每個人的購買有多有少，但平均起來是 80 塊錢，那我的客單價即為 80 元。

如何讓提袋率從 65% 變成 80%？如何讓客單價從 80 元變成 120 元？在行銷學上都有教許多相關原則。另外，當進來的人根本不是我的目標族群時，就會影響到提袋率和客單價，所以人流必須是要有效的人流、目標客戶的人流。

如果要增加有效客戶的人流，就會運用到行銷學裡的 4P，包括Product（產品）、Price（價格）、Promotion（推廣）、Place（通路）。行銷學上提到吸引客戶的例子有非常多，我認為在創業之前，要看基本的行銷學和市場學，不要以為那些東西過時了，只要消費者的行為、態度、價值系統不變，這些學問還是很重要的。

**創業動動腦** ▶ **有效的人流**

台北市忠孝東路四段、敦化南路口一帶是重要的商業地段，百貨公司林立，每天晚上的消費人潮很多，但在過去 25 年中，卻沒有一家 3C 商店在這裡存活過，明明這個地段的人流很多，你覺得為何會如此呢？
（解答參考 p.066）

#### ◆如何提高提袋率：❶ 推出代表性商品

談到提袋率，我們要關注的是客戶進來後，他買不買？會買多少？如何讓他買多一點？這在行銷學裡談得非常多，店家推出代表性的商品是其中一種方法。舉例來說，7-11 推出的大亨堡、思樂冰，都是代表性的商品。透過這些商品，讓大家願意進這間商店，順便買了別的東西，這和集客力與有效購買有關。

「有效購買」指的是如果每個人進來店裡都買 80 塊錢，如何讓他提高到 120 塊？提高客單價有很多種方法，例如買幾件就打折，這在行銷學上叫 up sale，意即提高客戶購買數量以提高客單價。至於傳統的方法，像是買二送一或買六送一、金額超過多少可免費停車、金額超過多少送貴賓卡，這些都是實體商店和網路商店常使用的方法。

#### ◆如何提高提袋率：❷ 讓客戶分流

如果商品擺設的路線在客戶容易經過的位置，就會比較好賣。因為每個人的消費需求不同，所以我們要讓他們分流：讓有小孩的客戶看到小孩

的用品，讓高階的客戶看到高階的商品，讓在意價格的客戶看到低價或促銷的商品。在傳統賣場和百貨公司，客戶分流是相當重要的。

客戶分流在電子商務的運用上更重要，因為電子商務的網站商品非常多。客戶今天上購物網站，上面可能有超過五萬件的商品，可是他不會把五萬件全部看完。如何讓客戶提前看見他所需要的商品？這必須要透過大數據或其他的方法來分類、分流。

◆促銷的思辨：❶ 一次性購買

當你的客單價、提袋率比較高，相對就會有利潤。但這樣的利潤對社會經濟是否有幫助，這是值得我們思辨的。比方說淘寶網每年的 11 月 11 號推出 1111 光棍節促銷，我認為 1111 的促銷在宏觀經濟裡是有爭辯的。假設這天的銷售額突破了幾百億人民幣，你必須要去細分這幾百億人民幣的結構是什麼。譬如客戶所買的是不是他本來就要買的東西，如果是他本來就要買的，為什麼一次要買那麼多？主要的原因就是「打折」。

大家都知道 1111 有促銷，絕大部份的廠商都會配合打折，所以他本來要買的衛生紙、紙尿布、日常用品……就會利用這個機會多買一點。可是如果消費行為沒有改變，也就是他上廁所用幾張衛生紙、小孩一天用幾片尿布，這些如果不變，那也只是取代下個月的購買，把幾次購買聚集在一次購買，而且還是用比較低的價錢購買。

　　所以這個促銷不但對經濟或商城沒有幫助，反而是寅吃卯糧，對後面幾個月的銷售受到影響，或者讓別的以正常價格銷售的實體通路受到取代性的傷害。就 1111 促銷對全國經濟而言，我個人認為是沒有貢獻的，它是個移轉集中數量、移轉購買通路所造成的一次購買行為，雖然當天衝出大量，但是銷量在別的通路以及之後的時間內是減少的。

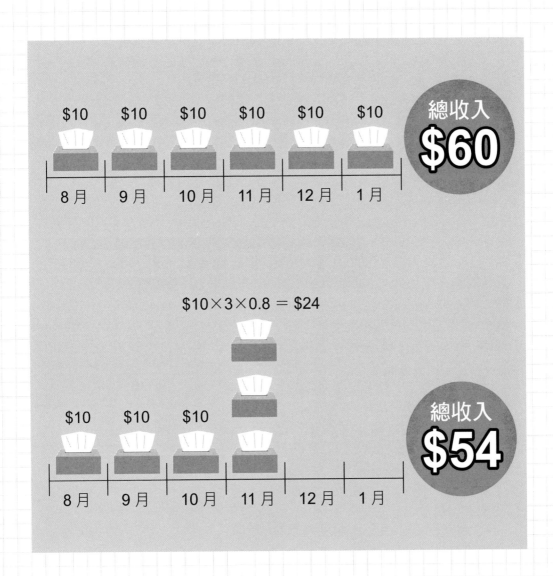

### ◆促銷的思辨：❷ 衝動性購買

　　反面來看，若消費者因為促銷，買了平時用不到的東西，這種可能性當然也會出現。但從總體經濟的角度來看，衝動性購買對經濟發展也是沒有幫助的，因為一般消費者的總購買力和他的所得有關。假設我一個月的所得是五萬塊，扣掉住房和其他的開銷，我在零售商店或是虛擬商店買的食物、衣服是兩萬塊錢，若我一次衝動花掉了五千，我就得從別的地方節儉，因為我的收人不會變，某種程度來講，這也是商品間移轉性的支出。

　　總購買力受到可支配所得還有未來經濟發展期待的影響，因為如果我看好我將來所得會增加，或看好經濟發展，我會用信用卡來買東西。可是如果我對未來是悲觀的，因為中老年後需要儲蓄，我的購買力會比可購買力低，平常會固定省下一些錢來儲蓄。

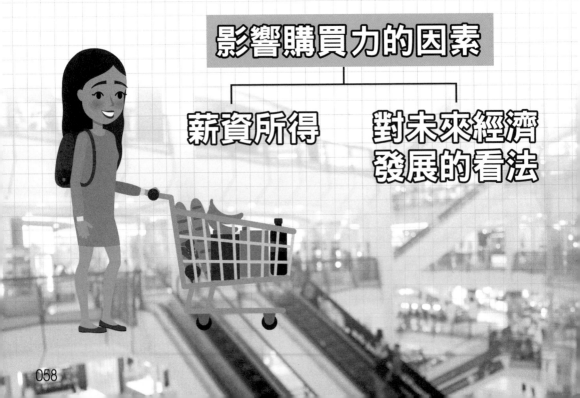

影響購買力的因素

薪資所得　　對未來經濟發展的看法

## 經營時須考慮的基本三要素：3. 回購率

消費者因第一次的消費經驗而願意繼續購買，成為你的回頭客，這就是回購率。如果我的客人都是新客戶，老客戶比較少，代表他們對產品滿意度比較低，我就要增加行銷成本，花更多的力量去召集新客戶。

### ◆提升回購率的方法：❶ 行銷下蠱術

回購率在行銷學裡稱為「客戶關係管理」。如何讓已經購買過的客戶回來繼續購買，以前我們是透過 call center（打電話叫客戶來），不論是新舊客戶都可以用 call center。可是高手不是透過簡訊、E-mail 或 Message 來吸引客戶，因為它的效果和人工成本有限。讓客戶回頭的重點在於傳統銷售裡客戶第一次購買時，就種下他會第二次回頭的因，這就像中蠱。

在行銷學裡的中蠱之術有非常多種，像是集點、貴賓卡、升等、下次折扣優惠……，因為連續購買對客戶有利，他可以換到一些小東西，或得到下一次的優惠，所以他會回來，這是行銷學裡講的下蠱術。

### ◆提升回購率的方法：❷ 建立品牌忠誠

我們對品牌忠誠的現象可以從餐廳得到驗證，為什麼餐廳那麼多，但是大家只會去固定幾家餐廳？有可能是因為我上次吃了感覺還不錯，又或是服務很好、給我優待券、服務生漂亮……，一定會有某些原因使得我會想再回來。

提升回購率的方法可以用酒店、夜店來舉例。酒店和夜店讓人回頭有幾個原因，第一是氣氛不錯、小姐漂亮，第二是可以存酒。比方說酒促小姐告訴你現在酒有打折，買一瓶送一瓶，你沒喝完可以寄放在店裡，之後你外出想到還有半瓶酒，你就會去同一家店，這種就是讓人意猶未盡和下蠱術的例子。

##  為什麼搞懂基本的商業理論很重要？

看完上述的三個要素，是不是驚覺原來創業大有學問，並非我們想得那麼簡單？台灣的電子商務在 2000 年前後有一波大洗牌，其中被洗掉的大概佔了七到八成。這些被洗掉的人多半不是因為他的電子技術不夠，而是他對商業模式的理解不足。所以電子商務真正成敗的關鍵在於「商務」，不在電子，電子容易學習，商務卻需要經驗的累積。很多創業者往往只重視工具，不重視消費行為、消費模式、商業準則，這是創業失敗常見的原因。

對於一般年輕人來說，他尤其不熟悉他自己以外的其他族群，他們的消費行為、價值體系往往受限而不自知，其實這是可以彌補學習的，例如多看一些商業個案，多聽老師的建議，或去修一個 EMBA 的學程？都有助於我們在創業成功裡面在市場這一塊的理解。

因為市場才能真正顯現客戶對你的服務或創新的採用率，也許客戶不是不喜歡，而是他不認識你的東西；也許客戶認識，但是他沒有感受到非用不可的原因，你就要用下蠱術。在傳統的行銷學、市場學裡有太多的個案、太多簡單簡易的原理原則，這些並不會隨著經濟形式和媒體工具的演進而改變。所以我給創業者簡單的忠告就是去看商業個案、行銷學、市場學，保證創業成功的比例至少可以提高 35% 到 50%。

## 提升創業成功的機率

多看書 ＋ 多看案例 ＋ 進修

 **接著，來看看經營需要的兩大要件**

想創業的你，除了搞懂基本的商業理論，還要知道創業成功的人具備哪些特質。亞馬遜網站（Amazon.com）的創始人貝佐斯（Jeff Bezos）是位經典的人物，從他的身上，我們可以看到經營的兩大要件。

 **1. 財務知識**

財務知識是指在發展過程當中，現金和利潤之間如何取得最佳的模式，從貝佐斯（Jeff Bezos）的例子來看，他今天已經超過蘋果的庫克（Tim Cook）、臉書的祖克柏（Mark Zuckerberg）、Google 的佩吉（Larry

Page），甚至超過了波克夏的巴菲特（Warren Buffett），成為僅次於微軟比爾蓋茲的世界第二大富豪。他有今天的成績是因為他發揮經營的邏輯，將現金用到極致。

現在很多年輕人以為只要知道如何募到資金就沒有財務問題，卻不懂得定價、需求彈性、成本彈性，這就是缺乏財務知識。

 ## 2. 經營的智慧

貝佐斯在創業時已經在別的公司做過 CEO 了，所以他對於公司的運作是有概念的。他今天之所以能夠成功，靠的不一定是運氣、創意、網路，事實上，他具有經營的洞見和邏輯，這是成功的關鍵之一。

所以創業不是只要有創意、有勇氣就夠，創業最重要的除了堅持，還

需要有經營的智慧，這些智慧有的可以言傳，或從個案中去學習，有的則是要靠天分。

# 最後，聽聽我給創業者的三大忠告！

許多想要創業的年輕人往往敗在沒有市場經驗，不懂得如何經營、如何深入產業、如何打進市場，而嚐到失敗的苦果。在看過無數例子後，我想要給有志創業的人以下三個忠告。

## 1. 慎選創業導師（mentor）

如果你不是個經營高手，你可以創業，但是需要找個一熟悉經營的人來和你搭配。或是創業一段時間以後，讓你的公司進到一個大公司的群體，也許他們有真正的經營高手可以提供協助。現在美國和台灣有很多創投或天使基金都主張他們並不是只有提供金錢，還教你怎麼經營。

有些投資者具有投資眼光，知道哪些公司有機會成功，卻不懂如何經營。所以我認為創業者如果要找導師，不要找財務投資類的導師，也不要找專門做風險投資的人，但找天使是可以的，因為很多的天使本身也是創業成功者。

創業導師之所以成功，靠的不是運氣，而是經營本事，我們應該選擇這樣的人做為導師。像是過去曾經單獨負責過一個企業並讓它轉型成功的這種人，不一定是最有錢的人，也不一定能給你公司有最大的資金挹注，但或許適合作為導師。所以慎選創業導師是我給創業年輕人的第一個忠告。

## 2. 慎選創業夥伴

　　有一些太重視公關的人，我稱之為花蝴蝶類型，這種人適不適合作為創業夥伴，我認為也許要仔細考慮。或許他能夠幫你吸引一些資源，但好的創業夥伴通常是具有熱誠、技術或某些特質的。

　　在創業初期的時候，就算你自己一人天縱英才，成功的機率終究不如三個人、四個人一起打拼，如果這三個人、四個人是個好的團隊，就會像一個籃球隊，裡面有些人主要是助攻，有些人負責防守，各司其位，這在創業團隊裡是非常重要的。

## 3. 熟悉產業生態鏈

　　在此給年輕人創業的第三個忠告，就是必須對產業生態有深刻的理解。如果你是創客，你需要有一個供應鏈或外包鏈的生態。綜觀台灣的強項與優勢，創客經濟在台灣其實很有發展性。有些人以為台灣只是一個大量製造、降低成本的供應，我認為這是誤解，因為這些人沒有實際去看過台灣的電子業、汽車零組件產業、機械業。

台灣的電子業和汽車零組件產業因為沒有做自有品牌，所以是替別人生產的。但現在要替別人生產，已經不能等到別人拿一個設計圖給你生產，用專有術語來說，我們已經脫離了 OEM（專業委託代工）到所謂的 ODM（原廠委託設計）。台灣現在的電子業、汽車零組件業、機械業、紡織業……在做製造代工時，必須具備自己能做樣品的能力，在還沒有拿到訂單前，就要先做出樣品，看過樣品後再給一些修改意見，等做出下一版樣品，別人才會下訂單。

現在製造業的產業裡，做 PC、Notebook、手機、保險桿，汽車內部裝潢、小工具機等產品，都必須自己先做出樣品，樣品數量大概一、兩個，最多十個，目前我們供應鏈早已培養出這樣的能力，因為如果不先做一個，就爭取不到做一千個、一萬個、一百萬個、一千萬個的訂單。

以這樣的邏輯去推論，全世界沒有比台灣更擅長做少量東西的供應鏈。但目前這些供應鏈主要都是服務大的製造廠商，而不服務給創客。台灣現在很多大型機械或電子廠商的周邊都有幾十個小型企業，這些小企業負責幫它打樣、做加工。如果我們能夠把這些能量釋出，我認為在台灣做創客經濟是非常有機會的。

日本雖然也有不錯的供應環境，但他基本上是對單一廠商服務。比方說我是 TOSHIBA，底下的廠商只會對 TOSHIBA 服務，不會供應給

NISSAN，他們是超大型企業周圍養了幾百家小企業，但在台灣不一樣。在台灣的發展歷史中，很多小廠商是同時在替兩、三家大廠商在做。所以如果你給他好一點的條件，他會幫你做樣品、樣機，但這不代表你什麼都不需要懂，你至少要懂得描述規格，要會整合和測試，要有改良意見。

我個人認為台灣在提倡創業這件事情上，太提倡虛擬世界的創意。比方我們曾經有很多成功的案例，像是愛情公寓、Who's call……。我最近參觀了一家叫「富奇想」的公司，這間公司的老闆原來是做設計的，但他比別家設計更厲害的是，他是從宏碁等相關產業的公司出來的，所以他對於材料、電子和機械比較了解。他現在做的「牆經濟」，也就是把牆變得智慧化，為什麼他可以做到這件事情？除了他的設計天分外，他本身對材料的了解也是一大關鍵。所以年輕人要創業，除了要有創意，還需要對新的製造工藝或是元件產業有所理解。

創業動動腦 **有效的人流——關鍵分析**（題目請見P.054）

在幾十年前，此地段曾經有燦坤、NOVA，但最後卻紛紛倒閉，最關鍵的重點就是因為這個商圈是一個「女性商圈」，在這邊消費的人流並不是購買3C產品的客戶族群。既然這邊聚集的不是有效的人流、目標族群的人流，提袋率當然就很低了。

相反的，在光華商場的人流雖然不見得比逛忠孝東路的人多，可是那裡所聚集的人都是會買3C的TA，這呼應了我們在p.053提到的第一要素——集客力。

# 你具備創業的「天時、地利、人和」嗎？

你以為只要有個創新的點子就能創業了嗎？錯！創業可沒那麼簡單！決定創業後，必須要思考的事情有很多，舉凡市場走向、資金、技術、人脈……皆需納入考量。創業之所以能夠成功，涉及的因素有哪些？以下將創業的要件區分為天時、地利、人和三大塊，各位在創業前，一定要全盤考量自己是否具備這些要件。

## 你是否具備創業的三大要件？

**天時**
創業的
時機與環境

**地利**
創業的
個人資源

**人和**
人際的
處理能力

**天時：這樣的時機與環境適合創業嗎？**

　　若從現實面來盤點創業成功的要件，首先要談的就是「天時」。**天時就是指創業的時機與環境。**舉例來說，假設一個年輕人從學校畢業進入社會的時間點剛好是在 1992 年左右，此時前景大好、機會很多，隨便創個「×××.com」都會成功；但如果是在 2004 年左右畢業的年輕人，就沒有這麼多機會了。這其實和本身懂不懂電子商務一點關係也沒有，而是和市場需求的走向密切相關。

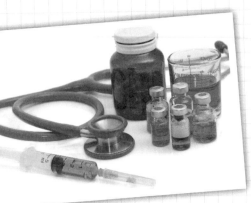

　　若二十年前在台灣選擇做生物醫藥的研究，很可能已經餓死了，但現在做新藥研究，未來的機會是很廣的。所以環境因素非常重要，就算你已經準備好創業，但環境還沒有發展起來也沒用。除此之外，你也要想一想你的客戶以及整個產業周邊的服務環節是不是都準備好了。

 **不可不考量的重要環節 1：「市場大小」**

　　有些創業在美國可以成功，但在台灣卻無法成功，為什麼呢？原因很簡單，因為**母體市場的大小不同。**舉例來說，十幾年前在亞馬遜有一本暢銷書叫作《長尾理論》，書裡談到在亞馬遜的暢銷書中，不論排名落在 500 名還是 1500 名，仍然可以存在，原因是每年有上千萬人在亞馬遜上買書，每年賣出的書約有數億本，即便排在 500 名以外的書，可能還是賣了好幾萬本。如果是在博客來賣書，雖然一樣排在 500 名，但可能只賣 15 本，兩者得到的結果並不相同。

　　長尾理論簡單來說，假設有一條尾巴長在大的屁股上面，就會變長；如果屁股太小，就不會長出長長的尾巴。因此我們可以比喻美國市場是大屁股，所以它的尾巴很長，就算書在亞馬遜排第 500 名以後，賣出的數量還是相當多。但台灣因為市場小，因此尾巴就短很多。此時創業者如果還把長尾理論套用在一個小屁股的市場中，就是食古不化。

　　前面提到除了市場因素以外，周遭的客戶與環境的配合非常重要。**年輕人在創業時，必須觀察周遭的市場和環境是否和你要做的事情吻合。**如果不吻合，要不就是改變你的想法，要不就是換一個市場。因為同樣的事情在美國或許可以做得成功，在台灣卻做不成功。

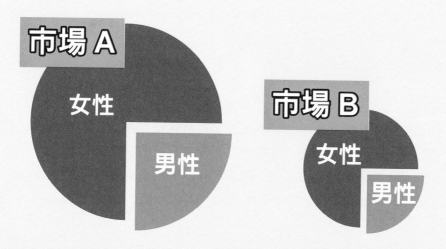

市場 A 的男性雖只佔 1/4，但因為人口基數夠大，根據長尾理論，即便只針對男性開發產品，也能獲得可觀收益；但對市場 B 來說，雖然男女比例和市場 A 相同，但由於人口基數少，若只開發男性產品，企業收益將會大大減低。

## 💡 不可不考量的重要環節 2：「生活型態」

　　隨著生活型態的不同，消費文化也會有所不同。例如傳統雜貨店隨著時代演進及生活型態改變的過程，便發展出 24 小時的便利商店。在此先講個小故事，讓各位了解「生活型態」的評估為什麼如此重要。

**經典案例** ▶ **7-11 是如何誕生的？**

　　說到便利商店，大家一定會想到 7-11。為什麼會出現 24 小時營業的 7-11 呢？7-11 最早發跡於 1950 年代的美國，在 1950、1960 年代時，美國還是日出而作、日落而息的生活型態，商店大多在早上九點開門，晚上五點關門，星期六、日休息，好讓大家去做禮拜。但隨著二戰以後都市化，大家的距離住得比較近，且有一些年輕人來到都市裡讀大學、找工作，他們因為沒有和家人住在一起，所以作息從早睡早起變成晚睡晚起。

　　在這樣的生活型態轉變下，有人發現其中的消費力，並觀察到有些人在早上九點之前就需要買東西，或是有些人晚上五點以後仍需要買東西，因此就把開店的時間拉長，變成早上七點開門，晚上十一點關門，營業時間延長為 7-11。因為都會的生活型態和傳統生活型態不一樣，這類型的商店結合時間作息上的便利，因此得名「便利商店」。

　　為什麼便利商店的營業時間從 7-11 演變成 24 小時呢？因為在有了 7-11 以後，有一天，某家店的自動門故障了，但隔天早上才能請人來修理。店長基於財貨安全考量，決定留下來看店，在十一點以後沒有熄燈關店，仍照常營業，後來赫然發現半夜還有很多人到店裡買東西。這正是因為生活型態又走向更都市化、年輕化、個人化的關係，便利商店也因此變成 24 小時營業。

　　雖然便利商店變成 24 小時營業，但為什麼它在美國市場的發展相較之下沒有日本好呢？因為在美國的環境特性是人們上班聚集、下班分散，且住家也是分散的。大家白天到城裡上班，晚上回到郊外住家，若想去便利商店還要開車，許多人會覺得與其開車到 7-11 買兩個麵包，不如週末到賣場多買一點。所以他們比較習慣一次買大量的，非不得已他不會選擇買小量的食品和補給。但另一方面，7-11 在日本卻發展得非常好，日本甚至把美國的公司買下來，現在美國的 7-11 是日本的子公司。

　　為何同樣都是 24 小時的便利商店，在日本卻大獲成功呢？因為日本的人口密集度比較高，住宅聚集較緊密，半夜只要走幾步就到商店，不需要開車。所以真正的便利是出現在需要者和提供者之間，美國的地理空間距離比較大，所以這個市場發展不起來，但日本的地理空間距離比較小，一方面是城市化的密度比較高，另一方面是住家比較密集，所以發展得較好。

　　談到這裡，我們可以想想看為什麼亞馬遜書賣得比博客來好？除了前面提過的長尾理論，還有一個因素就是「地理空間」。假如你在美國要買一本書，要付出比較高的代價，因為人住得很分散，又遍佈在郊區，要買一本書就必須開車進城，找到一家書店後還要先停車再找書。書店就算很大，店內賣有五萬本書，但如果你要買的不是小說或暢銷書，書店可能沒有進，還要用電腦查是哪家出版社來跟它訂購，書到了之後再通知你取書，等於消費者必須跑兩趟才能買到。

　　在美國這種大陸型的生活型態裡，網路購物比起現實生活的採購，中間的差距較大，因為便利度差異比較大，所以電子商務盛行。但是在都會型的社會，像是香港、東京、台北，因為便利度差異比較小，如果要買一本書，可能搭趟公車就到書店了。所以阿里巴巴、淘寶網、亞馬遜等網路購物平台之所以能夠發展得好，除了因為母體市場大，也和距離空間及便利度有關。

　　這種現象不一定只出現在城市型的小國，但這些因素會制約未來的整體發展。舉例來說，PChome 發展得沒阿里巴巴好，是因為它的基本客

觀條件都不如阿里巴巴優異，所以即便經營得再出色，仍不會像阿里巴巴那麼成功，這就是我們所說的「天時」因素。

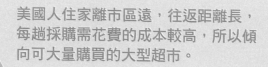
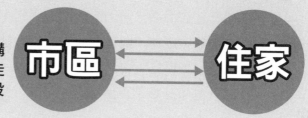

美國人住家離市區遠，往返距離長，每趟採購需花費的成本較高，所以傾向可大量購買的大型超市。

市區　　　　　住家

日本人住家離市區近，可快速往返，每趟採購需花費的成本較低（走路就可到），所以廣設方便性高的便利超商。

市區　　　　　住家

## 地利：我擁有足夠的資金、技術與創新嗎？

　　創業除了考量「天時」，還要想到「地利」。若我們說天時是外部的環境與時機，地利就是個人的資源。你必須設想到自己有沒有足夠的資金、財務來源，有沒有專業特殊的知識，或有沒有某種特殊的服務。如果只有專業知識並不夠，還必須要有一些創新的營運模式或是想法，才能讓消費者感受到獨特性。另外，財力是最基本、最重要的環節，也是創業時首要考量的要點之一。

## 不可或缺的重要環節 1：資金

　　許多創業者往往低估「財力」在創業過程中所佔的重要性，因為他們都假設創業一次就會成功，或是在碰到第一次挫折前就會成功，所以都只估了一份的糧草就去打仗，以為一次就能打下一座城池。如果你只準備了一天的糧草去打仗，結果人家第一天不出來，等到糧草吃完了，人家第二天才要跟你打，你肚子餓怎麼打？

　　許多人只準備一天的糧食，以為創業一年就可以回收，卻沒考慮到這一年中可能會遇到一些原先沒有想過的問題，像是這一年的客戶可能還沒有認識你，即便他可能喜歡你的東西，但是因為沒有機會碰到你，就像繪本《向左右向右走》一樣，客戶喜歡你的東西，但是他每天都向左走，而你都向右走，那就需要等時間到了你們才會相遇。創業絕對沒有像大多數人想得那麼理想，許多人最容易犯的錯誤就是只準備一份糧草就上場。

　　現在，我們都清楚知道「財力」在創業的重要性，但對於一個剛從學校畢業的年輕人，或是初次創業的人來說，若非家財萬貫，他的創業資金從何而來呢？

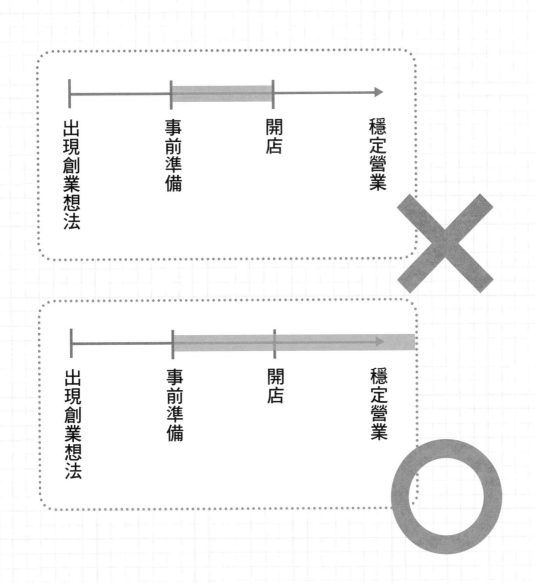

很多人都以為創業只是一個「點」，因此資金準備只準備到開店的那一天，但其實創業是場長期抗戰，需要的資金遠超過想像……

## ◆創業資金從哪來：❶ 創業投資

在投資業裡，對新創公司的投資一般分成兩類，一種叫「創業投資」，另一種叫「天使基金」。許多人創業的時候，第一筆資金通常是來自於創投（創業投資）。創投會投資的大多都是剛成立不久的公司，或是有高成長潛力的公司。

比方說有一間出版社，給它二千萬的資金，一年能出 50 本書，算是做得還不錯，但有人發現一年給它十倍的資金，可能營運模式會變更好。如果資金進來以後，你的成本會下降，利潤會上升，對方就會願意挹注，因為他可以得到未來利潤股本的回收，或是將股本賣給下一個投資者。

這種高成長的企業，特別是未上市的企業，比較容易被創投。為什麼是未上市的公司呢？因為在上市以後，它就可以自由募集到很多資金，所以在未上市之前，你的資訊也沒有在公開市場揭露，必須去尋找才會有少數人投資你，創業投資在尋找的正是還沒被公開資訊，或是沒有辦法在公開市場募集非特定人資本的企業。

若一家公司看起來在未來三到十年有高成長的潛力，但它缺乏資金，創投者可能就會分成三個回合，每一次挹注一部分的資金進來，這種投資模式在矽谷以及世界各地都已經出現三十年到四十年了，非常普及。

### ◆創業基金從哪來：❷ 天使基金

一般剛從學校畢業的學生，或是個人的創業者，他不像已經營運了十幾年的公司有員工、有產品，且已經有日常營收。他可能只是有個創意，或是有創業熱情的年輕人，那他的東西就不在創業投資的雷達範圍之內。

既然只有初步構想，又不容易取得創業投資，那資金該從哪裡來呢？這時從矽谷開始出現一種人，他本身很有錢或是從自己的創業裡賺了很多錢，於是他去聽很多年輕人的創業構想，如果覺得構想不錯便投資，這種人我們稱為「天使」。這些天使都是口袋有現鈔的人，他可能覺得這個年輕人構想不錯而給他們資金，讓他們花三個月的時間把構想在弄得更清楚一點。

學術裡有個專有的名詞叫 POC —— Proof of Concept，天使基本上就是提供小錢給創業者，讓這些人去做 POC。假設他有幾十億，他就一百萬、兩百萬的投給不同人，若不成功或是沒有什麼發展就算了。天使看到有興趣、有潛力的就投，但他不是借錢，投資者不需還錢，不過他有條件，就是如果你的構想做得很好，他也覺得不錯，他要取得你初期投資的 30% 到 40%。

### 矽谷的天使基金這樣玩！

對於剛創業的小群體，第一筆募集的資金叫 seed money（種子資金），這可能是來自於創業者自己或是創業者的親戚、朋友。如果創業者和自己的親戚、朋友沒有辦法募得種子資金，那麼天使基金就進來了，所以 seed money 一般來說都在五十萬美金以下。假設天使投了五十萬美金，

他會換算成股數。一般來說，美國的換算是一分錢一股，所以五十萬是五千萬股。

POC 後要成立公司，就要開始租房子、顧好前期員工、採購設備、投入研發。所以接下來可能要募一百到兩百萬美金，以支持一個十到三十人的團隊，利用一年到一年半的時間，去把自己的構想發展出雛型或突破技術，我們稱為 first round（第一次募資）。假設募到一百萬，投資者的條件可能是兩毛五一股，那募一百萬美金就是兩千五百萬股，後面拿一百萬進來的人和原先出五十萬的人比較起來，也只有他一半的股份，但是這筆錢一年到一年半就會燒光，燒光的話，公司可能就會選擇解散。

如果有發現還有發展機會，就會做 second round（第二次募資）。第二次假設要募五百萬美金，一股五毛錢，那也還是兩千五百萬股，這時最原始的 seed money 就變成二分之一了（創始人和天使的二分之一），所以他們出得錢很少。

third round（第三次募資）的條件會變得更高一點，這時也差不多準備要上市了。第三輪後公司可能達到一百多人甚至兩百人，也可能已經開模生產一些產品了，所以假設第三次要募兩千萬美金，一股大約一塊錢，兩千萬就等於兩千萬股。

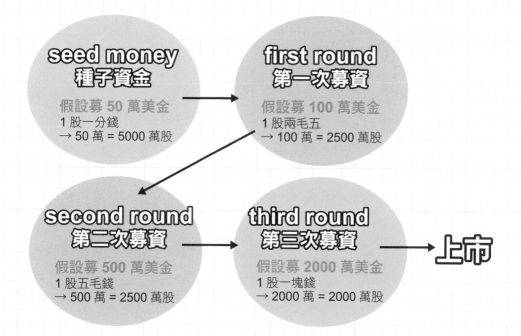

　　這是矽谷專有的方式，從種子資金到第三輪，第三輪結束後，就是 IPO（Initial Public Offering），即上市前最後一次募資的意思，也就是第一次在公開市場拿股票出來賣，提出一個增資計劃，相當於上市上櫃。美國有很多股票市場，不是只有那斯達克和紐約股市，其實還有很多小的，所以不論你在哪裡都叫做 IPO，這是一般在美國新創計劃和投資者之間的關係。

　　為什麼許多人常說美國是個創業天堂？因為如果我是個創業者，我也出錢時，我買的股票是用一分錢買的，上市之前的那些投資者是用一塊錢買的，是我的一百倍。上市以後如果股票漲到十塊錢，我的回報是一千倍，漲到一百塊我的回報是一萬倍。就算我創業失敗了，其實損失並不大，因為我只出了十萬美金，但一分錢一股，所以我就有一千萬股。若我的股票賣一百塊，賺了就有十億美金，賠了也才十萬美金，矽谷的財務回報模式正是如此。矽谷泛指美國其他城市，像西雅圖、聖地牙哥、波士頓……也都是這種模式，矽谷只是一種集中的代稱，美國的科技股大多是這樣玩的。

## 台灣的天使基金在哪裡？

看了以上敘述的矽谷天使資金，我必須和你說：「台灣和美國是完全不一樣的」。如果在美國的成功是一萬倍，那在台灣的創業者，可能一直到你上市一年之內回報率只有十倍或一百倍，且失敗的機率比美國還大。

台灣在條件上和美國完全不一樣，所以創業在美國和創業在台灣是不可以相提並論的。從財務回報和財務風險面來看，台灣市場不大，回報率也沒有那麼高。創業是種理想，但別忘了天使和創業者是一樣條件，假設天使投給不同人十萬美金，隨便中一個回報就是一萬倍或一千倍，就算投一百個還是賺，所以美國有天使。但在台灣投一百個才回來十倍，天使是虧損的，所以台灣沒有天使。

台灣的創業者必須了解「這裡沒有天使，天使就是你的爸爸媽媽」。若你家財萬貫是一回事，但如果創業拿的是爸媽辛苦存下的積蓄，就要想清楚為什麼要讓自己的理想連累家人。財務是創業要件之一，但不要誤信矽谷的創業條件適用於台灣，因為矽谷存在著容易取得財務的要件，它已經是個完整的體系，而且遵循著大數法則。對於一些天使來說，只要廣泛去投，在大數法則之下，他的回饋絕對是有經濟價值的。台灣因為市場不夠大，加上回報比率從原來萬倍、千倍，成為十倍、五十倍時，創投和天使的風險也相對提高，所以天使和創投的出資意願也相對較低。

## 不可或缺的重要環節 2：技術與創新

第二個創業成功的要件，就是技術與創新。創新不是創意，**你必須把創意商業化變成商業模式，才能稱之為創新**。如果你參加很多發明獎都得獎，代表你的東西是好的發明、好的創意，但是若東西賣不出去，因為要用的人不多，或者無法大量生產、成本太高，又或是怕被別人模仿而不願意普及，這就是創意和創新的差別。

創新是可以商業化、可擴大、可持久的創意。創新必須要被檢驗的要件有兩個，一是獨特性、持久性，二是可規模化、可複製性、可擴大性。

### ◆創新要件❶：獨特性、持久性

如果你的創新不是很獨特，就很容易被模仿。別人模仿以後，供需之間的需求雖然很大，但是模仿的人變多、供給就變大，價格自然會下跌。所以如果你所做的創新，是個低門檻的創新，就不會得到好的報酬，也不會持久。你一定要有特殊性，讓別人不容易模仿，這種創新才有價值。

創新需要具有獨特性才可以推廣，這個獨特性可以帶給許多人價值的提升，但這獨特性背後是否可以持續地產生特色才是最關鍵的。從 1995 年到 2010 這 15 年當中，有非常多網路型的創新，可是這些創新可能只支撐五到十年，便消失在歷史上，為什麼呢？因為它的獨特性沒有辦法阻止別人的仿製，當它的獨特性別人也做得到的時候，顧客價值（customer value）就不見了。因此做創新的時候，首先要想到的是——「**我的創新是否容易被仿製，能否長期維持自己獨特性**」，這是我們第一個應該要檢驗的條件。

# 獨特性

你想到一種做麵條的祕方,這祕方只有你知道,就是創新;
如果大家都知道這個做麵條的祕方,那就不是創新。

◆ **創新要件❷:可規模化、可複製性、可擴大性**

創新的第二個要件就是可規模化、可複製性與可擴大性,我要如何讓
我的東西穩定地擴大規模,以下將會詳細地與各位說明。

可規模化

第二個被檢驗的條件,首先是創新可不可以規模化?可不可以隨著發
展愈做愈大?比如說我今天做一個鳳梨酥,可能可以服務幾千萬人,可是

當我要服務幾千萬人的時候，這中間會碰到什麼問題，需要什麼機制可以讓我的創新影響到更大的規模？

可規模化要透過一些機制、組織、效率、管理來完成。舉例來說，你有沒有想過當臉書（Facebook）過去只是一個校園裡的交友網路，到它今天對這個世界所產生的影響，其中的差異來自哪裡？從它的原始特性，以及前面所提到的獨特性來看，它在哈佛大學時創辦的方式，演進到真正對這個世界的改變，是來自於它的「規模化」，也就是把一個哈佛大學交友網站變成幾千萬倍的規模化。

規模化的關鍵來自於你有沒有足夠的資源。比方說我們今天賣雞排，每天可以賣兩千個雞排，難道我們就永遠只賣兩千個炸雞排嗎？如果想把賣炸雞排變成一個像麥當勞一樣的企業，這中間缺了什麼東西？這都值得我們思考與探討。

# 規模化

你可以把做麵條的祕方用來開麵店做生意，那就是可規模化；反之，假使這祕方（創意）無法規模化（例如原料成本太貴，沒法量產），那就不具創新的價值。

## 可複製性

　　創新還有一個要件是「可複製性」，舉例來說，相信大家都有聽過肯德基這家連鎖速食店。過去肯德基上校賣的炸雞大家都很喜歡吃，可是他一個人忙不過來，只能照顧三家店，這時有人建議他把炸雞的方法寫成手冊，把經營的理念寫成標準，讓別人準備資金取得授權加盟，用同樣的商業 Logo 設計讓大家覺得是一樣的店，就可以在加州、紐約、德州開店。這樣的連鎖加盟就是一種複製模式。

# 可複製性

你有辦法將祕方保留，提供給加盟店製好的麵條，並告訴它們最佳的煮麵方式，那麼就具可複製性；反之若無法（例如麵條保存期限過短沒辦法在期限內運送給加盟店），那就不能稱為創新。

可擴大性

上面提到的複製加盟最大的問題就是「品質的穩定性是否能維持」。假設我把現在所做的東西在短時間之內擴大到一百倍、一千倍，它的品質是不是可以一樣？它的單位成本是不是能夠下降？

在可複製性裡，我們可以用管理學上的**學習曲線**來說，意即做很多次以後，我做得愈來愈容易，成本應該要降低，我的量增加以後，我對固定成本的攤值會愈來愈少，毛利會愈來愈高，這樣的現象到底存不存在？

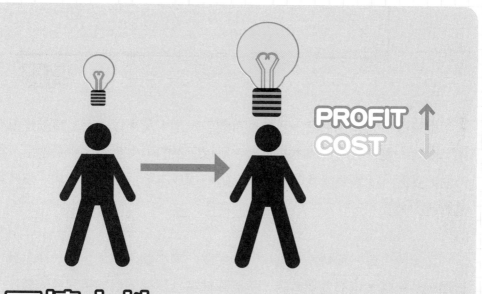

# 可擴大性

你的麵店事業，會因為版圖不斷擴大，而降低單位成本，提升單位利潤，那就具創新的精神；如果沒有，更甚者因版圖擴大造成品質降低等 1+1<2 的結果，那就不叫創新。

# 學習曲線

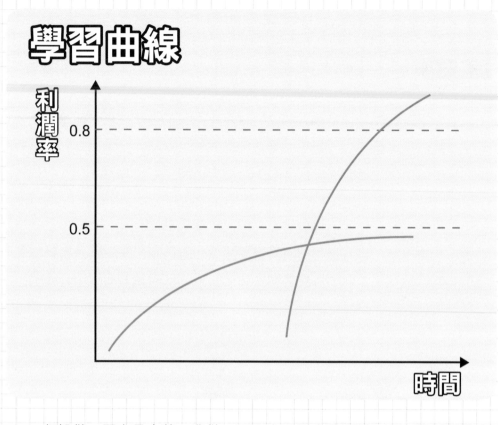

假設做一間店是十萬，我做一百間店只是十萬乘以一百，這就是沒有學習曲線、沒有對固定成本有分攤。所以所謂的中央倉儲、中央廚房、後台物流支援，就是要讓我們規模擴大的時候成本降低、利潤增加，這些都是創新的必要。

如果我只是一種特殊的創業，例如開一家小麵店，那也是一種創業，但那個創業就永遠都是那家店，不需要被特別提倡。但如果我今天開了一家店，可以讓世界各地都吃到我的東西，品質又不變，也不容易被別人模仿，利潤又可以提高，那最經典的例子就是麥當勞。

張忠謀先生演講時曾提到麥當勞和星巴克是他個人最尊重崇拜的創新企業。因為創新套用在商業模式上，儘管你有技術性的創新，但技術性的

創新能不能擴大、不被仿冒、不被複製，這些都要經過商業型式的考驗。因此我常告訴想創業的年輕人：創新沒有你想像的那麼單純！

### ◆創新來自於「精益求精」

李家同教授對於國家的創新曾下過一個很重要的註解，他認為許多創新應該來自於「精益求精」，而不一定來自於「新益求新」，特別是中間這個「益」字是很重要的。比如說國家在選擇產業的時候，企業在選新事業的時候，或者個人要選工作的時候，我們需要想到自己要不要去做一些更新的東西，這個更新的東西就是「益新」。

事實上，益新從某個角度來看，我們是更沒有把握的。我們雖然有機會因為做了更新的東西，而處在領先的商機，但是從另外一個角度來看，我們也不能證明本身具備長期讓它獨一、大規模擴增的能力。所以當上面提到的「創新兩大要件」不存在時，這種創新能否成功，是很值得大家做探討的問題。

### 德國的精益求精

世界上的有些國家像是德國、日本，他們所做的就是「精益求精」。他們在原先所從事的行業、技術或者是領域裡，不斷地從技術、品質、效率去做新的創新，提供他人精密、高品質、準時的關鍵零組件、原材料的服務。所以2008年金融海嘯之後，全世界只有一個重大的經濟體沒有受到影響，反而成長率增加，那就是德國。

德國之所以能夠從 2008 年後全球不景氣到現在十多年當中持續地成長，原因就是他具備全世界都不能不要的關鍵性技術、原料、設備服務。在這種條件最惡劣的時候，我們可以看出哪一個國家的競爭力是比較強的，這是德國所具備的第一個關鍵條件。

德國所具備的第二個條件，是他所提供的基礎性技術剛好符合在未來三十年當中，全球即將成長最快速的新興市場。歐美市場常常是我們台灣廠商花很多時間注意的區塊，可是在新興市場同時有三十億到四十億的人口，正逐漸從富裕走入小康甚至變貧窮，過程當中他們需要很多基本設備、基本生活起居的優質性、平價性的東西，這時許多基礎的工藝和產品變成倍數成長的機會就出現了。

## 台灣的精益求精

藉由德國的例子，我們可以思考台灣到底要發展哪一種創新。打個比方，我們究竟要選擇白菜的利潤，還是選擇白粉的風險？過去的輿論似乎多在鼓勵我們去賣白粉，因為白粉可能會創造極高的利潤，但這些極高利

潤的背後，有很高的失敗機會，而這些機會是不是台灣應該追逐的，這都值得我們好好思考。

　　**創新是須要透過組織、機制才能完成的。**在此舉個成功的案例，我們講到台積電的營運模式時，大家都説它是晶圓代工，其實這是帶有貶義的成分。台積電真正能提供的價值，絕對不只是替一些設計 IC 的公司制作 IC 而已。事實上，它扮演了一個關鍵性的角色，它讓全世界電子原件的精神高度，讓整個產業結構產生了很大的改變，這個改變使得設計和製造分流。

　　製造需要大規模、大量的新技術與效率，這方面台積電是做得最傑出的。它提供了很多機會讓設計公司可以五十個人、八十個人、兩百個人根據自己的一些應用經驗，設計出可以拿來製造的 IC。這個在全世界的工作革命裡可説是很大的創新，對全世界電子元件可説是產生革命性的影響，它的貢獻已經可以寫在科技的歷史裡面。除此之外，今天台積電以其優越的技術，不斷追逐品質卓越的企業精神，它今天所能提供的設計和製造的地位，在全球沒有任何企業可以在短時間內超越。如果我們以長時間來講，現在有機會超越它的，全世界可能只剩下兩個公司，一個是英特爾（Intel），一個是三星（Samsung），其他的公司已經無法脱離由台積電幫它做後端製造的部分。

　　蘋果（Apple）每年都推出新型的手機，你有沒有想過從 ipod、iphone、ipad 這些產品在功能上其實並沒有創新，它只是把一些別人已經做到相當成熟的技術，根據消費者的需要，用一個新的平台重新組合。所以從某一個角度來看，蘋果的創新就是一個典型的解構、重組，同時再加上工匠的藝術。台灣如果未來能夠從解構重組、工匠的藝術上再加強的

話，我們才能夠做到像蘋果在世界上的創新影響力。台灣缺的不是 new idea、good idea、another idea，我們缺的是根據使用者解構重組的能力，以及精益求精的工匠精神。所以年輕人在就業的時候，究竟是要做一個領域之雄，還是巨龍之眼？是要選擇白菜的利潤，還是白粉的風險？坦白講我認為有大部分的朋友應該去爭取白菜的利潤，但我還是認為有些朋友應該去追求白粉的風險。

很多人都說台灣受世界經濟的影響很大，其實我覺得台灣目前最大的限制是在自己，我們需要的是思想的解放。世界經濟論壇（World Economic Forum，簡稱 WEF）證明台灣的軟實力在全球並不差，可是我們的機構，不論是政府，或者政府與民間，又或者是學校的研發，事實上都有很大的成長空間。當台灣的成長空間是由我們自己來做決定的時候，**我們首先要接受的思想解放就是「接受競爭」，我們要鼓勵體制內和體制外的競爭。**

郭台銘先生曾講過一個故事，他說非洲有一種羚羊，是一種稀有的動物，聯合國的專家為了要保育這種動物，就把他的天敵獅子從草原上移開，移開後發現這些羚羊仍繼續減少和消失，於是專家開始探討為什麼羚羊沒有天敵之後，數量不能夠增加？答案是獅子是在自然界中淘汰羚羊的基本工具，獅子在追逐羚羊的過程中，羚羊不僅有運動到，同時獅子每次吃掉的都是跑最慢的羚羊。所以事實上獅子把最慢的羚羊淘汰掉後，羚羊

的種不停優化。經過千百年的演化，羚羊的種朝著優生的方向前進。我們這個社會也是如此，不論是在國內外，我們應該要鼓勵適當的種出現，甚至要鼓勵適當的淘汰。

 ## 不可或缺的重要環節 3：進入障礙

一項產品若要成功，它就必須要有「唯一性」，因為當競爭者愈少時，你就可以愈接近獨佔市場，定價也就出現拉抬的空間，一但定價高，利潤相對地也便可以提升。所以説獨佔或寡佔是高獲利的必要條件，而想要減少市場上競爭者的數量，你就不得不想辦法製造「進入障礙」，讓人不易模仿，打退堂鼓或一一退出。

### ◆製造「智慧財產權」的進入障礙

製造進入障礙的方法很多，最簡單的方式是強調智慧財產權，藉著申請專利、商標來阻擋進入者，防止別人任意侵害。這種方式是透過政府的公權力出面，以抵制其他公司企業仿效的手段，最常見的例子就是國內科技業公司，因為這些公司的價值就是其專業技術，要是被拷貝、竊取使用，對公司的損失絕對是筆相當可觀的數字。

### ◆製造「關鍵配方」的進入障礙

第二種方式是具備關鍵配方。和專利不同，專利在申請的同時就必須呈現公開的狀態，然後利用公權力築起一座讓其他人「看得到，碰不著」的牆。關鍵配方不會被公開，它可能利用某種不為人知的材料組合、也可

能是一種技巧、經驗的累積，例如對於米其林三星餐廳而言，它的關鍵配方，就是那群廚藝高超的師傅們，這些師傅的技術是經年累月歷練出來的，即便你要一個初出茅廬的小廚師去模仿，恐怕也很難在短時間之內學會，除非這些師傅被其他餐廳給挖角了，否則這樣的關鍵配方，就是米其林三星餐廳設立的進入障礙。

上述無論是透過申請專利，還是找到關鍵配方，這兩者都還是屬於創新當中「技術創新」的範疇，這也是比較能夠鞏固進入障礙的方法。但以下我想分享另一個案例，這個案例是美國惠普公司，它豎起了一種進入障礙，卻不是利用專利與關鍵配方這類技術上的創新，是個十分獨特的例子。

一想到惠普這間公司，大家一定會跑出有關印表機的印象，因為惠普在印表機市場一直處於獨霸一方的態勢，所以很多人可能會以為，惠普在印表機的製造技術上一定有什麼過人之處，其實不然，你不能說它沒有，但那些技術實際上也不是那麼難以模仿到成為一種進入障礙，儘管惠普曾經為它的雷射印表機申請專利，但那早已過了期限。

惠普使用的手段是「低毛利策略」，它在投入印表機市場初期，就壓低了這項產品的價格，不像一般先進市場者一樣，一開始就一鼓作氣拉抬售價以求獲得最高的利潤，而是利用低價的方式，讓購買者久而久之後認定：「印表機的價格大概就是如此」，這麼做的好處就在於後進市場的廠商即便擁有同樣的能力及技術，也會被消費者對印表機的低價印象給制約，無法提高售價，在不提高售價的狀態下，後進廠商就得不到足夠的利潤，最後自然會乖乖退出；反觀惠普坐擁先進市場的優勢，所以就算使用低毛利策略，雖然單位利潤較少，但競爭者也少，可以寡佔甚至獨佔整個市場，獨享一杯羹。

# 人和：我有足夠的人際處理能力與人脈嗎？

有了資金、技術與創新，創業就會比較順利，但如果你不知道怎麼處理一些複雜的人際關係，無形中就會有很大的障礙。在商業環境中我們尤其要了解——人的交情在利益立場之間會受到很大的挑戰，其中充滿了矛盾、困難、糾結和誤會。

比如員工和創業者的立場會有所不同，客戶的要求和你想像的也不同，政府部門希望你做的和實際上你希望他們幫忙的又不同，或甚至你的股東在你成功的時候貪心，在你不成功的時候無情，這些問題都考驗著你對於人際的處理能力是否足夠。

 **生活經驗影響人際的處理能力**

有些人固然有人際處理的天分，或是他從小就生長在比較複雜的環境，所以擅於處理這樣的問題。例如出身於妓院的韋小寶，他知道怎麼處理人，怎麼說謊。我的友人曾經和我說過，一個痛苦的童年是哲學家一生的本錢資產，因為他懂得痛苦、明白矛盾；生活很順利的人，對於人際之間的矛盾、困難、無情與自私，其實了解得非常有限。

生活經驗對於人際處理能力的影響是很大的，以台灣目前的教育，我姑且將年輕人分為兩類：

Ⓐ 一帆風順、歷練較少，社會歷練較不足
Ⓑ 學歷或許不高，但有打工或社會經驗

### ◆ 類型 A：一帆風順歷練少的年輕人

有些人求學階段一帆風順，成績很好，他進到好的學校，也順利畢業了。他 25 歲前接觸的人，可能只有父母、老師、同學、朋友，他沒有接觸過外面一些刁蠻的消費者，也沒有碰過商業上會欺騙的供應商。他可能沒有欠過別人錢，也沒有被人欠過錢；他可能沒有打過官司，也不知道法律的兇狠。**這些生命中的平順都可能成為創業上的障礙**，也就是說當他在創業的過程中第一次碰到這些困難，無形中也增加了他創業的阻力和對心智的摧毀。

換另一個角度想，如果這個年輕人畢業後先到職場上去工作，經歷過各式各樣的困難人事，等到五年、七年後再來創業，這些困難或許就會大幅度地降低，創業成功的機會也相對增加。

許多學者鼓勵一些名校畢業的學生創業，因為他們具備了科技條件和某部分的天分，但卻沒考慮到他是否具備人際相處的能力、社會複雜度的處理能力。我認為讓這些天分較高、條件較優的莘莘學子一畢業就馬上創業，會對他們的人格造成很大的損傷，甚至讓這些人一生充滿挫折，變得整天怨天尤人，覺得社會對他不公。

這是值得我們深思的議題，我認為與其鼓勵一些不經世事的單純年輕人創業，不如讓他進入到職場上工作一段時間，就好像先學會游泳的技巧，在海邊或是大一點的游泳池練習，不要一下子就進入大海，不然他溺斃的可能性很高。

在校成績優異、
人生平順

感到挫敗

◆ **類型 B：有打工經驗的年輕人**

第二型的年輕人可能讀的不是一流的大學，且很早就出去打工。或許你會認為既然有打工的經驗，那與人相處的能力應該不是問題吧？錯了！打工或許讓人學會如何笑臉迎人、如何對待難應付的客戶、如何動作更俐落勤快，**但事實上，**這也侷限了一個人在創新方面的能力。

打工通常做的都是基層的職務，耐操耐勞的實踐過程雖然有助於年輕人在進入社會時的適應，但是在打工的過程中，不但會耽誤年輕人學校的課業，也不會帶給他獨立自主的思索能力，以及在技術和商業模式上游刃有餘的思考空間。

在打工的過程中，年輕人雖然能學會手腳俐落、對人和善、提升 EQ 等等，但他並沒有在一個有智慧型、有結構性的管理團隊裡，思考與企業經營相關的問題。所以一個人就算有打工經驗，他能否創業，或是他創業以後有沒有成長爆發力、創新的爆發力，恐怕都是很大的挑戰。

若你的工作經驗不足或不全，對人事物的思想有所欠缺，畢業後直接投入創業，獲取成功的機率是比較低的。我認為即便在求學過程中曾經打工過，在創業之前，還是應該要到一個有組織、有活力、有思想的企業，先去感受和學習。所謂學習並不是要你和他做一樣的事業，而是去了解身為一個老闆，他在想什麼？做為一個主管，他要面對什麼樣的問題？做一個研發部門，他要怎麼去面對創新？這些東西都是學校裡不會教的。

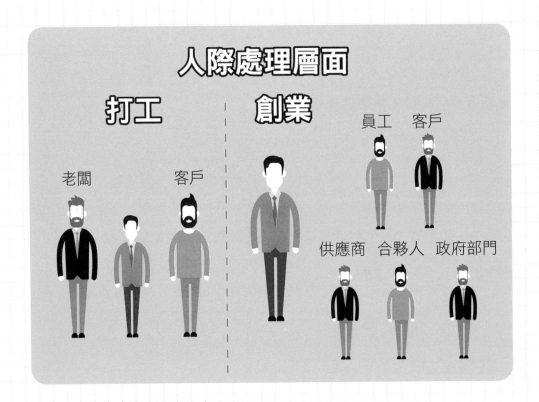

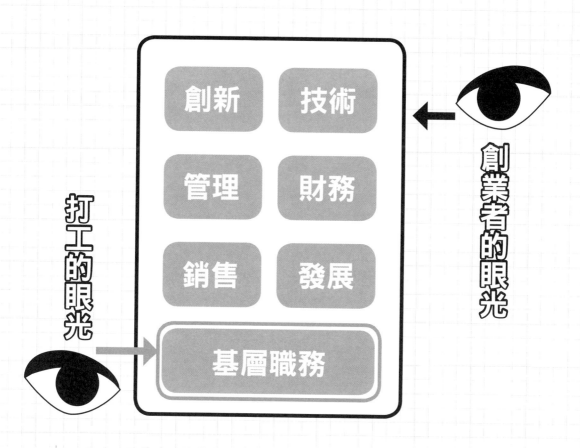

 **從學生時期累積人脈**

我們在學校期間，會接觸到各式各樣的人，而這些同學正是你未來的人脈。在此舉兩個例子，一個是台灣的，一個是美國的，提供各位參考。

◆**範例 A：台灣尹衍樑先生與 MBA 的同學**

台灣最顯著的例子，就是尹衍樑先生和他 MBA 的同學。尹衍樑先生年輕時曾是不良少年出身，但是到三十多歲後，他意識到要開始接父

親的事業（他父親是潤泰集團創辦人），於是他到台大商學院研究所讀 MBA。在學期間，因為大部分的學生都很窮，他常常帶著大家開車去遊覽、參觀工廠。他畢業後就從同學間及上下屆裡陸續招了三十人左右進入潤泰集團，當時潤泰集團在台灣還算比較傳統的產業，主力從事紡織和營建等工作。

早期國內讀 MBA 的學生並不多，所以很多人畢業後比較嚮往到美國花旗、IBM、惠普這類跨國性公司裡工作。這些公司有很好的包裝計劃、在職訓練，也比較常有出國機會。那時尹衍樑找的人有一部分抵擋不住誘惑，紛紛跑到大家所嚮往的外資企業，這些人離開後發展得也不錯。

因為當時正值台灣科技產業起飛，這群人現在算起來就是五年級這一代，他的三、四十歲時剛好碰上台灣經濟要起飛的年代，運氣相當好，機會也比較多，所以英雄還是需要靠時勢來創造的。而當時留在尹衍樑身邊沒有離開的人，現在都是潤泰集團各上市子公司的一把手。所以在此特別要告訴各位——如果你不創業，你還是可以擁有很好的發展前途。如果你有好學校、好同學或老師，都可以給你一些提攜。

上述例子中尹衍樑的那些老同學，他們進公司後薪水也沒有比較好，但是因為大家有革命情誼，彼

**尹衍樑**小檔案

現職：潤泰集團總裁

- 2008 年世界傑出華商協會組織評選全球華商 500 強排行榜第 183 名。
- 2015 年《富比士》雜誌（Forbes）臺灣富豪排行榜排名第 7 名。
- 2015 年名列《富比士》世界百萬富豪榜第 452 名。

此常一起切磋，而少東接班後，也需要有人幫他做一些打底的工作。接班五年後，少主江山穩定了，想要開展新事業。新事業開展初期很辛苦，他的其中一個同學黃明端，因為年紀比較長，他是當完兵後才去讀 MBA 的，由他率領了其他三、四位同學，在二十多年前（約 1990 年初）去建構大賣場的通路。初期雖然篳路藍縷，胼手胝足，但二十年後的今天已成為中國市場裡相當大的企業。

◆ **範例 B：美國名校裡不同社經背景的同學**

　　在美國的研究所教育裡，有一部分的學生家裡可能有點勢力，另一部分比較清寒。學校會向有勢力的學生多收一點學費，然後將其轉換成獎學金給比較清寒的學生。這些私立學校這麼做，是因為有些學生不需要等到畢業就能夠做大事。也許他的父親是阿拉伯國王，又或是某個國家未來的總統候選人、大企業家，這些人擁有的資源較多，未來的回報率也比較高。

　　另外一種人則是靠天分，他可能是數學或商業的天才，但他沒有辦法負擔這名校的學費，所以學校就會給他們獎學金。舉例來說，辜振甫先生的後代，基本上都是賓州大學華頓商學院畢業的，當年的中國信託集團長期捐助這所名校，他的幾個小孩及高級幹部皆出身於此。辜家後代讀了這所學校，他的同班同學有一半的人是接受他的父親捐款或獎學金，加上同學時期培養的信任與情感，所以當他一畢業後回到職場，他就把他的同學也一起帶去，形成一股很好的力量。

# 記得要小心！你的點子會不會是個「錯誤命題」？

　　雖然前面提過成功的創業需要創新作為前提，但並不表示具備創新元素就一定能夠創業成功，其中失敗的例子比比皆是，族繁不及備載，這是創業者必須要知道，並且做好心理準備的事。一次創業之所以會成功，除了創新以外，還有太多我們難以掌控的變數參與其中，簡單地說就是「天時、地利、人和」，又或許你掌握了完美的時機進場，卻好死不死在進場後因為某些意外導致環境巨變，原先的天時、地利、人和通通變了調，你也只能摸摸鼻子算自己倒楣。切記，創業本身就是一種賭博，沒有絕對獲勝的法門。

　　排除掉前面提及因意外導致環境突然變得「時不我予」的狀況，最多創業者失敗的例子都是肇因於創新的不足，技術、流程、觀念太輕易地被複製，在低門檻情形下，別人會一窩蜂仿效你的模式去創業，導致市場被分割而無利可圖。但這當中依舊會有少數人，他們的產品技術不易模仿，概念也極具創意，卻還是失敗收場，這又是為什麼呢？

　　原因或許有很多，但我想和大家分享的是其中一種，那就是「錯誤命題」。錯誤命題的意思是「我們誤以為自己的產品，對於顧客會產生一種

新價值，但事實不然」，這樣主觀判斷上的錯誤，會讓創業者誤解自己產品和顧客之間的關係，因而做出不正確的決策。以下我舉幾個錯誤命題的案例，有著創業想法的你能夠參考看看，好好反思，説不定你也正在如此陷阱當中。

## 錯誤命題案例 1：電視、電腦二合一

偉大的科學家牛頓曾經發生過一段趣事，他因為養了兩隻貓的關係，所以想在家裡的門上開洞，好讓貓咪得以自由進出。牛頓的兩隻貓一大一小，於是他就設計了兩個大小不同的貓洞，為的就是讓大貓走大洞、小貓走小洞，然而聰明如牛頓卻沒想到，其實最後兩隻貓都會從大洞出入，小洞完全成了項多餘的設計。

牛頓的故事告訴我們，一旦某些發明 A 的功能足以取代某發明 B，那麼發明 B 將會被淘汰，如同那個多餘的貓洞一樣。我們把牛頓的故事搬到現在來看看，真是如此嗎？以電視機和電腦為例，從電腦普及化以後，人們將電視機與電腦兩者合而為一的想法就沒間斷過，因為我們認為這兩者間都有螢幕，這個螢幕都是用來播放影視性的訊息給需要的人看，但是電腦比電視具備更多功能，可以處理更多事情，所以把電視與電腦結合，雙機一體，這種想法似乎沒什麼問題。

這個概念，四十年前就有提出了，但我們都很清楚，直到現在，每個人家中的電視機和電腦依舊沒有結合在一起，頂多電視機的性能進化了一

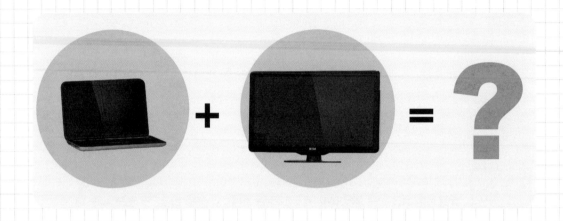

點，多了可以上網之類的功能；電腦的螢幕解析度越來越好，作業上更方便且精準。儘管如此，電視機還是電視機，電腦也還是電腦，兩者間沒有誰取代誰，反而都在各自領域中不斷演進，牛頓的貓洞問題並沒有出現在這個案例裡。

追根究柢就是我們對於這兩種產品的「錯誤命題」，使得我們誤認為電視機和電腦彼此間存有可取代性。確實，電視機的「功能」可以被電腦給取代，但他的「價值」卻無法，因為當人們打開電視機時，他們追求的是一種放鬆的心情，他們並不想要太複雜化，所以拿著單手就可以掌握的遙控器，按下最基本的操控按鈕（開關機、轉台、聲量、數字鍵），所有在使用電視機的過程中，皆不必經過縝密的思考，這就是電視機的價值；但使用電腦時卻不一樣，人們將電腦的價值定位在多工處理，比如上班工作、寄 E-mail 等等，所以心情和想法上，不會太放鬆，就算是打遊戲或玩社群，也必須要有一定程度的思考，與使用電視時可以徹底放空的狀態截然不同，另外還有很多原因，像是一般人都希望電視螢幕越大越好，才能體驗到如劇院般的聲光效果，但電腦螢幕則不宜太大，不然使用上、移動上都會造成困難，光這兩者定位間就具備著不可替代的矛盾性。

　　同樣的狀況也出現在辦公室事務機上。常見的辦公室事務機有三種，一是影印機，二是印表機，三是傳真機，基本上這三種機器都是具備「輸入，處理，印出」的功能，看似很相似，所以如果現在發明一台「三合一多功能事務機」，是不是就能成為一種創新，取代前三樣舊產品了呢？

　　和電視機與電腦的案例相比，多功能事務機確實已被人發明，也在市場上存在一段時間，但它的被使用率並沒有如當初設計者預估得那麼普及，大部分的公司都還是會購買三台機器，分開使用，只有一些小型企業或新創公司，因為空間或預算關係會選擇多功能事務機，原因在於我們對於每樣機器的需求並不完全相同。在影印時，我們需要把一頁的文件拿來重複印出十多份；在列印是我們需要把十多頁的文件印出一份；而在傳真時又是另一種方式，這些在速度、份數、內容、掃描和影印的解析度上等等差異，會導致我們使用上變得複雜，本來看似為了方便所以設計在一起的多合一功能，反而成為令人感到麻煩、不便的缺點，另外，三機一體的設計也容易出現「把雞蛋放在同一個籃子」的狀況，一台機器故障，後續就會產生三倍的複雜處理程度，諸如上述種種錯誤命題，讓多功能事務機目前為止都還沒辦法完全佔有市場。

## 錯誤命題案例 2：彩色傳真機

　　三十多年前，我有個社團認識的學長在工研院裡工作，他比我早幾年踏入社會，某次我們碰面，他和我談了一些有關自己打算離職去創業的事情。

就像我們說的，成功的創業需要創意的點子，所以我便問他：「你的創意是什麼？」他開始娓娓道來自己的想法。這位學長想要設計一台彩色傳真機，因為當時的傳真機技術只具備黑白顏色的效果，若是企業擁有彩色功能的傳真機，就可以傳輸更好的各類設計圖、企劃書，對發送者來說提案成交的機率會提高，對接收者而言閱讀也更美觀、便利、好理解，加上他自己也擁有相關的技術和知識，測試多次後，彩色傳真機的可辨識度已經能和黑白傳真機旗鼓相當，從任何角度看來，都是有益無弊的設計，沒道理在這項產品發明後大家不使用它。

　　當時我奉勸這位學長，希望他不要拿家裡的錢去執行這個計畫，因為這其中存在著很高的風險，但學長並沒有採納我的建議。一、兩年後，因為工作關係，我時常在國外的大型電腦展碰到他，他的彩色傳真機產品已經成功開發出來，在展場上設攤販賣，但一段時間後，我發現彩色傳真機的販售狀況不大樂觀，結局可想而知，最後學長的公司倒閉了，只能認賠虧損。

　　前面提到不論是電視、電腦二合一的失敗，還是多功能事務機的例子，都是肇因於將多種產品結合在一起的錯誤命題，但彩色傳真機並沒有結合其他產品，而是把原有產品做性能上的提升，理應會為人所接受（如黑白電視機進化成彩色電視機那樣），這又是因為哪種命題錯誤，導致這個功能更好的產品會沒有人購買呢？

　　其實這是一個「雞生蛋，蛋生雞」的問題。彩色傳真機在性能上固然很好，也確實能帶來更棒的效果，但是今天我們假設一位顧客買了這台彩色傳真機，而他所接觸的其他人卻都是使用黑白傳真機，結果會如何？即

便他使用彩色傳真機傳輸文件出去，到對方手中時依舊會變成黑白兩色；同樣地別人用黑白印表機傳輸過來的文件，這位顧客收到時也不會變成彩色。這項產品的缺失，在於需要兩造雙方都同時購買使用，才能發揮它的效用，這是一個「因為很多人沒買彩色傳真機，所以造成更多人不買彩色傳真機」的圈套。

「把傳真機改良成彩色功能」這個點子本身在技術面沒有問題，但缺乏考量到人類的一些行為其實會受制於他人的舉動，相互牽制，且在產品開發以前，就先做了產品已經普及的不正確假設，這也是另一種錯誤命題的例子。

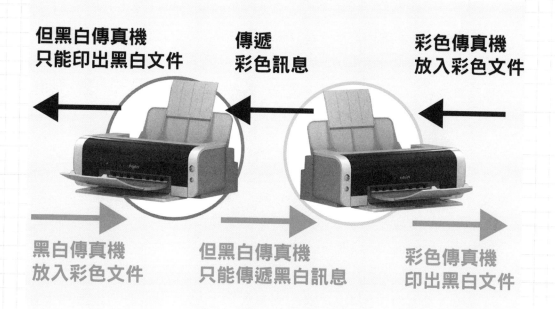

但黑白傳真機
只能印出黑白文件

傳遞
彩色訊息

彩色傳真機
放入彩色文件

黑白傳真機
放入彩色文件

但黑白傳真機
只能傳遞黑白訊息

彩色傳真機
印出黑白文件

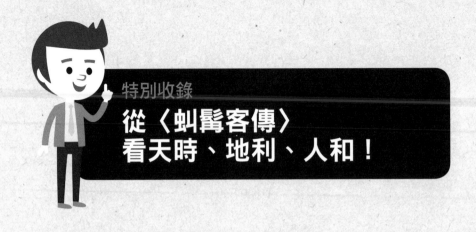

# 從〈虬髯客傳〉
# 看天時、地利、人和！

　　前面看了創業要考量的三大區塊：天時、地利、人和，不知道你對創業是不是又多了一些不同的想法呢？在此分享一個大家耳熟能詳的小故事——《隋唐演義》裡的〈虬髯客傳〉，最後再分析這些人物放到當今商業職場的角色與特性。

　　虬髯客出生在隋朝末年，當時天下雖然局勢動盪，但經濟發展蓬勃。虬髯客和一般讀書考進士的人不一樣，他有一些天分，也很有創意，既有文采又有武功，個性比較粗放，常常魚肉鄉民。虬髯客看天下大亂，形勢大好，認為勢必可以有一番事業。

　　有一天，虬髯客在酒店裡巧遇一對男女，也就是大家熟知的李靖和紅拂女。李靖和紅拂女當時還在浪跡江湖，用現在的話來說，就是他們剛從一個既有的體系中私奔。李靖就像是前面説的「類型 A：一帆風順歷練少的年輕人」，他是個循規蹈矩，學武也學文，名校畢業的那種好學生。

　　透過長輩推薦，李靖投履歷到當朝的一位大官那裡，自我推薦。大官一看認為他是個人才，於是用很高的規格接待他，不但請他吃飯，還請了歌妓陪他喝酒，讓李靖現場表演武功和詩文。

宴席結束後，李靖回到房間，半夜有個女孩子來敲他的門，這個人就是紅拂女，她是宴席上的其中一位舞者。李靖問她大半夜為何出現在這，紅拂女答道：「我看相公相貌堂堂，文采也不錯，人品正直，特別來跟您說，其實這大官是個奸人，跟著他相當危險。」李靖一聽大驚，問她該如何是好。紅拂女說：「如果您不嫌棄，我們倆就私奔吧！」當晚他們兩人離開了相府，在路上碰到了虬髯客。

虬髯客和李靖互相比劃後，對他非常欣賞，兩人於是結為兄弟。虬髯客後來問李靖：「現在天下大亂，情勢大好，依你的才華，一定要出來闖一番事業，不知意下如何？」李靖說他目前要去投靠李世民，虬髯客也聽說李世民是個真命天子，他的才幹、謀略、領導都超越兩人許多，所以他們倆人決定一同投靠李世民。

此時適逢李世民招募天下人才的時機，李世民待他們倆極好。但虬髯客待了半個月後，認為自己的能力距離李世民還有一大段距離，深知無法和李世民爭，便留書出走，南下到東南的一個小島。虬髯客在這座小島上懾服了所有的居民，便在當地自稱為王，後來好幾代也在此承襲下去。

後來李靖隨著李世民四處征戰，最後李世民稱帝，史稱唐太宗。李靖也被封了一個爵位很高的位置。紅拂女跟著李靖，也過著不錯的生活。

我在商學院講課的時候，常常講到這個故事，故事裡的四個人：李世民、虬髯客、李靖與紅拂女，正好呼應許多人的職涯。

## ·李世民

　　李世民無疑就是自行創業，而且創立了自有品牌的人。他在創業的過程當中，有幾件事情值得我們探討。第一、李世民他有一些才華，包括謀略、領導，這一部分都是天生的，另一部分則是經過後天的拋光打磨。李世民碰上的時機正好，如果李世民早生五十年，或晚生五十年，他就不會變成唐太宗，這就是我們說的「天時」。

　　除了具備時勢的條件，李世民也積極延攬天下英才。後來也證明了，他具備管理天下的能力。他治國有方很重要的因素是身邊英才成就的。許多人都知道李世民重用魏徵，是因為魏徵會講一些他平常聽不到的實話，李世民也能容忍一個對他直言不怕得罪的屬下，這就是我們說的「人和」。

　　李世民具備了創業者該有的條件，包含天分、時機和人才。談到創業，我們要考量到創業之後，今天用十個人的規模創業，明天會變一千個，後天會變十萬個人。創業者必須要有基本條件和學習成長的準備，才能夠讓企業愈做愈大的時候，仍然具備領導比原先創業複雜度高一千倍以上的事務。

　　李世民除了上述的客觀條件外，還要在主觀上做一般人不能做的事，比如說他逼他的父親下台，逼他的哥哥，害死了他弟弟。為了要鞏固自有品牌，他必須要做到六親不認。甚至在稱帝後的晚年，他曾經罷黜過兩次太子。儘管太子是他的親生兒子，但皇帝和太子之間難免會產生一些嫌隙及互相猜忌。

為了保住皇位，他將兩個兒子都罷黜流放到嶺南一帶。因為做皇帝有面子問題，直到他死了都沒有再見過兩個兒子。所謂兄弟反目，骨肉分離，這些要付出的代價，都是成就一個自有品牌的主觀條件。

### •蚪髯客

蚪髯客一開始認為自己可以打遍天下，後來發現時勢沒有他想的那麼單純。因為一人之力做不到，所以他採取策略學裡非常重要的一個方法，叫做利基策略（Niche），也就是去找一個小的特殊領域發揮。

因為他的領域非常特殊，有一群人需要這樣的功能才會滿足。比如說我們在做高爾夫球手套時，一般人是戴左手，但有一些左撇子必須戴右手，所以生產右手的高爾夫球手套；比方說我們賣衣服時，一般賣到XXL 就沒有人在賣了，但還是要有人賣到 3XL 甚至 4XL、5XL，這種需求的人雖然不多，但是存在。

如果你在台北市開這樣一家店，胖子全部都來了，因為只有你能夠滿足他們的需求，雖然他們的需求量不大，所以一般做紡織、做手套的人都不想去做這一塊。虯髯客選擇在小島上發展，而不在大的國家打拼，因為以他的能力就能夠在小島稱王，他便全部集中於小的利基市場。

台灣有很多企業走的就是這種利基之路，但利基很重要的是需要辨別這些利基的 TA（目標客戶族群）。這些 TA 對一般品牌提供的服務滿足有困難，比如說他先天上需要某一些功能，像左撇子、比較胖的、個子特別高的，或者是對某一種味道有特別喜愛的，這種人是少數中的少數，但若能針對這些族群做一些服務，他們能夠獲得較高的滿足，對你的忠誠度就會非常的高，這就稱之為利基。

### •李靖

他是幫助別人創業的一份子，但他並不是主要創業人。如果我們再說得通俗一點，他基本上就是 OEM（代工生產）。今天鴻海、台積電都是蘋果的 OEM，蘋果如果沒有鴻海、台積電，就會做得比較辛苦，但今天蘋果做成功了，這些主要的幫助者也相對得到比較高的利潤。所以李世民稱帝，李靖被封爵。

如果李靖沒有幫助李世民稱帝，投靠的是別人，成功的機率恐怕很低，也可能變成被李世民擊敗的對象，這個就是我們對自己的生涯反思，你的每一個選擇都和往後的職涯有很密切的關係。

## •紅拂女

　　紅拂女原本是一個舞妓，她具有識人的能力，看出李靖是一個才子。我們可以比喻紅拂女原本像是一個普通的公務員，或是簡單的工作者，因為看中有才能的人，從他身上找到不一樣的發展機會，所以選擇加入他的集團。

　　這個角色給我們的啟發就是有的時候你不一定需要自己創業，你可以看準誰是創業的能人，選擇參與另外一個人的事業。故事中的李靖不算是真正的創業，他的角色比較像供應商。紅拂女也不是一個腦袋空空的人，她是一個深謀遠慮的俠女。她協助李靖受封高位。套用在商業模式裡，指的就是你不一定要自己成立公司，可以利用自身的技術、才能、想法，去尋找一個有前途、有潛力的人，跟著他一起打拼。

# 想要創業的你，
# 在這第二桶冷水中學會了多少呢？

**Q** 你知道什麼是集客力嗎？請思考現正流行的直播網站，它們的 TA(target audience)集客力如何計算？

**Q** 試舉一個生活中曾經遇到的增購行銷(up sale) 例子，你是否有被它吸引而產生增購行為？它的成功或失敗的原因，你認為是什麼？

**Q** 前面內容認為淘寶網的「1111光棍節」銷售活動，大部分為假性銷售，其所持的理由是什麼？而你又認為如何呢？

**Q** 何謂行銷下蠱之術？你可以舉一個消費者會自動回購的例子嗎？你認為它的做法為什麼成功？

**Q** 你如果現在正準備創業，請問你的創業導師是誰？你的創業導師曾經創業成功過幾次？失敗過幾次？

**Q** 如果你不是商學背景出身，你是否考慮在創業前或創業中，報考一個MBA或 EMBA的課程？補強商業知識與管理技巧？

想知道更多關於創業的知識嗎？
掃描QR code，直接在臉書上和杜老師來場腦力激盪吧！

第**3**桶冷水

沒這些新知識
就別急著創業！

# 準備接招，
# 創客經濟來啦！

你聽過「創客」嗎？創客經濟指的是什麼呢？創客（Maker）是在 2014 到 2015 年間非常盛行的一個詞彙，指的是出於興趣與愛好，努力把各種創意實現的人。這些人本身有一些構想，但不會製作，所以他們把自己的構想拆出一些變成委外的工作，這就是創客經濟。

# 從無到有實現構想的過程 1：
# 構想？外發給廠商製作

當創客發現一個市場上的需求，或是一種商業模式，他對某些既有的商品或服務有一些新的想法，但不會做實體的東西，所以他把功能性、高階性的東西描述給廠商，請廠商實行。創客並不是把所有的東西都交給同一家廠商，因為一個完整的構想不可能全由一個廠商就能完成。所以創客會把委外工作交給不同的廠商做，最後再串連起來，變成一個新的東西。

 **過程中會遇到的困難**

創客將構想發包給廠商可說是一個連結「想」與「做」的過程。有些學校會由一個老師帶一群學生從頭做一個東西，學生花一、兩年的時間一邊設計一邊做，這種類型是工作坊（workshop），和創客所提倡的概念不同。

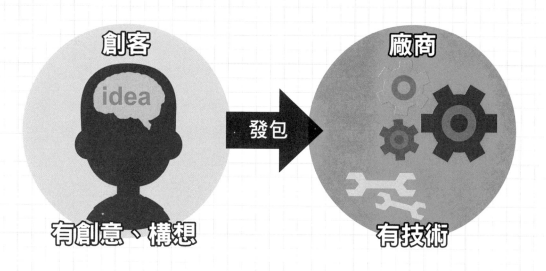

創客所提倡的是，你不需自己動手做，只需要清楚描述自己需要的東西、清楚背後的商業價值，把自己的創意、想法找不同廠商執行，做完後再統整起來，透過實驗找出缺少什麼，再回頭告訴製作廠商該怎麼修改，最後變成一個好的東西。

　　但是當要做出某樣東西前，創客對於相關的技術不一定非常了解，廠商對於製作過程與成品也不一定能掌握，所以必須先試做樣品再組合，從中找出缺了什麼東西。但是這部分涉及許多困難，第一個困難是廠商可能無法接受只做一個樣品。如果一般的產業這麼做是能被廠商接受的，因為他們請廠商先做一個，做好之後，就會找他做十萬個、百萬個。但是創客不一樣，因為創客都是個體戶或小公司、新創公司，本身沒有那麼多錢。

　　創客會面臨的第二個困難，就是第一次做出來的東西不一定成功，很容易需要修改，但創客沒辦法自己做，因為他可能沒有工具、沒有生產設備，也不知道可以去哪裡買材料。

 ## 從無到有實現構想的過程 2：測試？推廣給消費者

　　創客並不是只有創意，他發給廠商的東西完成後，要先透過實驗，檢測產品有沒有問題，確定沒有問題後再做消費者試驗。在傳統工業裡，我們做一個新產品，有所謂的 α 測試和 β 測試。

α 測試（**alpha test**，功能測試）指的是參與這個開發計畫的人，必須要用某種方式找出他的計畫有沒有缺點。比方說測試產品在低溫的時候會不會出問題、重覆執行一萬次以後會不會當機、什麼情況下會出現亂碼……這就是 α 測試。

β 測試（**beta test**，消費者測試）是指創客選擇身邊的朋友或目標客戶來測試，目標客戶的設定不一定要按照人口統計變數（年齡、性別、地區、收入所得等等）來設定，也可以依照如「是不是左撇子？」、「同性戀或是異性戀？」、「是否特別偏愛酸的食物？」、「對於運動這件事感到厭煩嗎？」等各種變數來定義，對像這類無法以人口統計變數來區隔的目標族群，於產品試驗時就需要特別花功夫去尋找，並給予小量的產品試用，才有辦法得到更精確的回饋以作為產品或服務開發的參考資料。

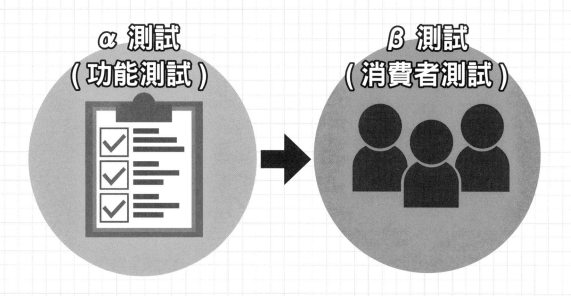

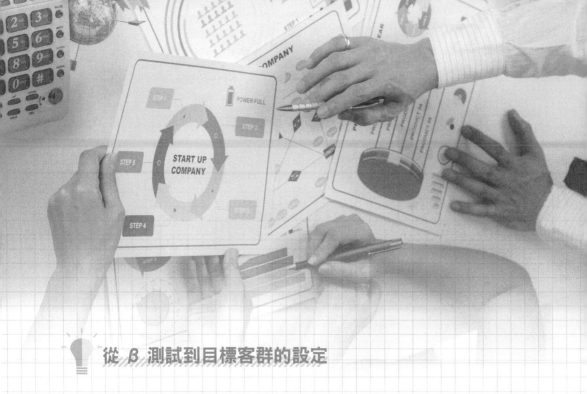

## 💡 從 β 測試到目標客群的設定

一般的創業者常常忽略 β 測試，別忘了你個人並不等於你將來要賣的那個目標客群，就算你的某一個想法很好、很新，但若你設定希望購買的消費者覺得沒有完全搔到癢處也沒用，所以 β 測試是很重要的。

美國曾經做過一個「為何創業會失敗」的調查，發現很大的原因是市場上根本不存在這類產品需求。因為業者可能會用訪談或是問卷的方式來做 β 測試，測試時大家會覺得「Well, It's nice to have.」，但是事實上是否符合他們的需求，還是要拿真正的東西給他們試用比較準。

### ◆產品和原先設定的目標客群有落差

有時你推出的東西和原先設定的目標客群可能有落差，卻大獲成功，得到一個無心插柳柳成蔭的結果，這就屬於「柳蔭型」產品。歷史上有一些柳蔭型產品的案例，以下分享一個經典的柳蔭型例子。

**3M 的便利貼是怎麼來的？**

　　3M 公司的工程師史賓塞·席佛（Spencer Silver）終日埋首於工作，希望發明出一款黏性很強的黏著劑，但他沒有成功，反而做出黏性很差的黏劑。就原先的目標而言，他的發明是失敗的，但正因為這種膠貼不牢的特性，讓小便條可以隨意黏貼、反覆使用，又不傷紙，因此現在人人都在用的便利貼就這樣誕生了。

◆**原先設定的目標客群和產品有落差**

　　除上述的柳蔭型案例，有時候也可能會發生原先設定的目標客群和產品有落差的情形。以下以統一超商為例子，讓我們一起探討遇到這類情形時，統一超商是如何因應的。

**統一超商的策略**

　　7-11 剛被引進到台灣的時候，統一集團覺得這種 24 小時的商店窗明几淨，店員有禮貌，賣的是少量生活用品、飲料、小食品，會到店裡消費的人應該是對於服務、清潔意識比較強，但是要買少量家庭用品和食品的中高所得家庭主婦。所以當時統一把店集中在天母、民生社區、東區的這些高級住宅區裡。

　　後來他們發現原先設定的這些家庭主婦雖然喜歡這樣的店，但還是對價格相當敏感，所以她們寧願去又髒又破的雜貨店買醬油、牛奶，也不會選擇到乾淨整齊的便利商店。

　　這時候統一做了一個總檢討，他有兩條路可走，第一條路是根據他當初設定的目標客群（家庭主婦）把價格降低，第二條是不降價，換一個目標客群，結果統一選擇了後者。如果選前者，他就會變得和今天的屈臣氏一樣。屈臣氏強調他不像大賣場那麼大，但可以開在住家附近，且價錢最便宜。可是經過三十年事實證明，屈臣氏雖銷售量很大，但是利潤微薄。統一現在不但銷售量沒有減少，反而賺錢，那是因為他沒有選擇低價策略，而是改變他的目標客群。

　　根據報導，在統一的消費族群中，純粹的家庭主婦只占小眾（不到百分之二十），他最大的客戶是年輕人，像是高中生、大學生、剛剛開始出來工作的年輕人、結婚還沒有小孩的人，這些族群對一塊錢、兩塊錢的敏感性不高，他們在乎的是「便利性」。他們想買的通常是小量的商品，且隨時想到就會去買。

　　這個例子說明了我們在創業初期所設定的目標客群，有可能和我們的商品有落差。出現落差時，你要不就是以產品來修改目標客群，要不就是以目標客群來修改產品，這其實是一個很大的判斷和思維。大多數年輕人往往是屬於理想性的，他的商業判斷能力比較弱，可能會選擇堅持原先的想法而不改變。我認為面對這個問題時，需要經過一些 β 測試，以及有經驗的經營者幫他做成本分析、利潤敏感性分析。

以下提供一個數據，讓各位想一想價格降低是否能夠解決問題。

| | 原價 | 降價 | % |
|---|---|---|---|
| 價格 Price | 100 | 85 | -15% |
| 售出量 Quantity | 100 | 140 | +40% |
| 收入 Revenue | 10,000 | 11,900 | +19% |
| 單位成本 Cost | 70 | 65 | |
| 利潤 Profit | 30 | 20 | |
| 總利潤 Total Profit | 3,000 | 2,800 | |

在上表中，原先的產品單價是 \$100 元，以此單價在市場上可售出 100 個，所以將會有 \$100x100=\$10,000 元的收入。假設今天我們讓產品降價為 \$85 元（單價減少 15%）後會增加 40% 的銷售量（也就是提高為 100x140%=140 個），則新的收入將會變成 \$85x140=11,900 元，也就是比原先的定價增加了 19% 的業績。

帳面上看起來「薄利多銷」這個策略似乎可行，但實際上我們還得考慮到成本的因素。假設產品售價在 \$100 元時，每單位產品會產生 \$70 元的成本，則我們每賣出一個產品，就能賺到 \$100-\$70=\$30 的利潤，前述提到在這樣的定價下可以賣出 100 個產品，所以總利潤即是 \$30x100=3,000 元；反之，由於產品降價的幅度並不會影響成本太多，所以當我們在售價 \$85 元時，每單位產品成本可能只會稍稍降低到 65 元，單位利潤變成 \$85-\$65=\$20，總利潤等於 \$20x140=2,800，反而低於降價前的總利潤。

這個表格叫損益表，許多人就算是學商的，也不知道損益的重要。事實上，一個企業如果不獲利，怎麼可能永遠存在呢？所以價格高低怎麼訂，要薄利多銷，還是多利少銷，這要有商業判斷能力的人才知道。如果你對這些不了解就出來創業，等於是閉著眼睛走路，非常危險。

# 創業新趨勢，共享經濟正夯！

 **到底什麼是共享經濟？**

近年來出現了一個創業的新趨勢，稱之為「共享經濟（Share Economy）」，像 Uber、Airbnb 或 Obike 等服務，這樣的例子如今俯拾皆是，但到底共享經濟是什麼？又共享經濟和一般企業服務差別在哪？它對消費者與供給者的吸引力是什麼？它有哪些發展的前提重點需要注意？以下都和對創業有興趣的你一一說明，無論參與與否，在簡單了解後絕對能讓你在創業的路上多一層思考空間。

所謂的共享經濟，就是將社會上的閒置資源（家中多餘的房間、汽車多餘的座位等都是），透過一個平台媒合，使彼此重新分配，資源過剩的供給者和資源不足的需求者能夠更有效率地交換，而雙方皆達到滿足的一個過程。

它和一般的交易不同，一般交易提供的並不是過剩的資源，所以無法得到「額外」的利益和滿足，共享經濟的目的就是將社會上平時沒被使用、或者可以說是浪費掉的產品、空間、時間再利用，促使生產端和消費端的滿足感能更接近 100 分。

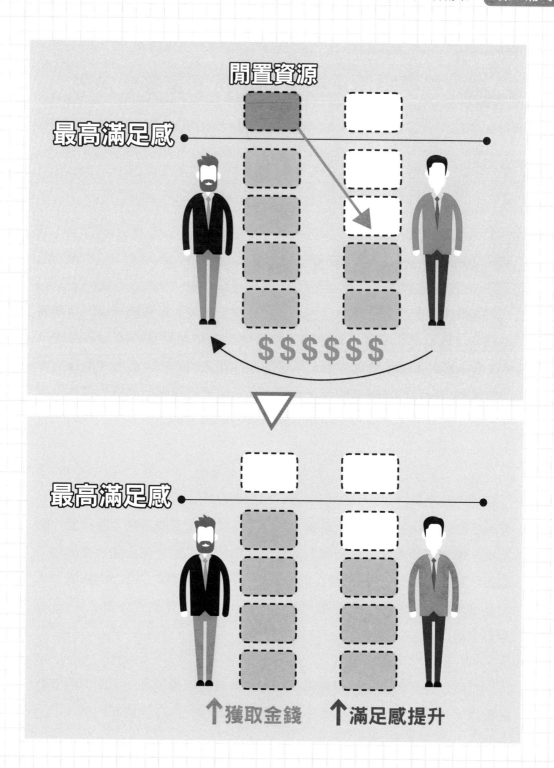

## 共享經濟正在生活中扮演重要的角色

上述有關共享經濟的解釋可能較抽象，但共享經濟的實踐與運用，其實老早就已滲入你我生活當中各個層面。為了讓大家更好理解共享經濟的概念，所以這裡用大家較熟悉的 Uber、Airbnb 和 Obike 來舉例。

### 使用更方便、服務再升級的 Uber

在台灣，尤其是大台北地區，如果我們有搭乘計程車的需求，則僅需要到馬路邊招手就行了，再不然只要打通電話或使用車行的 app 軟體，不久後一輛計程車便會停在面前，載你到你想去的地方。計程車之所以會如此便利，關鍵在於環境因素，台灣地小人稠，計程車不必跑太遠的距離便能多次載客，因此成為使用頻率非常高的交通工具之一。

現在我們換個地方，到了美國，撇除掉和台北一樣人口密集的地區（紐約曼哈頓、芝加哥等等），以鄉村或人口密度相對低的地方為例，它們大多數的居民都習慣自駕車輛，極少會有搭計程車的機會，為什麼？因為這些地方的計程車密度被廣大的城市幅員給稀釋了，在小如台北的城市叫車，我們與最近的計程車可能只有 100 公尺的距離，所以隨傳隨到；但在美國鄉村叫車，即便是最近的計程車，可能都與我們有將近 4、5 公里以上的距離。

也就是說司機的移動距離將會拉長，車資自然會提高；而乘客的等待時間也拉長了，所以滿足感會下降，兩者消長後，住在美國鄉村的人們，

對計程車的需求當然就減少許多，認為與其選擇搭又慢又貴的計程車，不如自己開車來得方便又省錢。

　　這樣的現象觸發了 Uber 誕生的契機。前面提到了美國人因為計程車的不便，所以大多都是自駕族群，這表示一般自駕車在美國流動的比例遠高於計程車。也許你會疑惑：「那麼只要每個人都自己開車就沒問題了吧？為什麼會有 Uber 的出現？」沒錯，對大多數擁有自駕車的美國人來說確實如此，但假使今天我是個紐約人，要到德州出差開會呢？總不可能為了節省計程車費用，而從紐約自駕到德州吧？於是 Uber 抓到了這點，並考量到自駕車的車主不像計程車司機一樣每天 24 小時與車相依為命，所以這些時候自駕車即是一種「閒置資源」，比如上班族週末將車停在車庫的時間或者學生暑假不必每天開車上下學的時間等等，這些閒置的資源放在身邊，對車主而言原不具任何意義，然後 Uber 這個平台出現了，Uber 提供了一個媒介，讓擁有車輛閒置資源的車主，可以和臨時需要搭車、卻不想等計程車的乘客彼此媒合，重新分配資源 —— 車主獲得額外的收益，乘客得到他需要的便利性。

在 Uber 出現以前，想移動到
遠方只能自駕或叫計程車。

Uber 出現之後，消費者可以就近找到具閒置資源
的車輛，以較低的價格搭乘，彼此互利互惠。

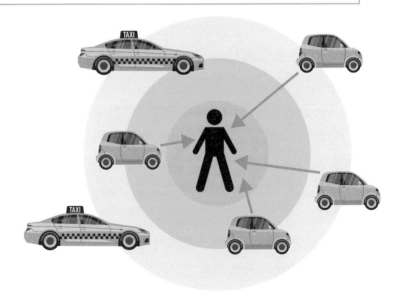

##  口袋深度不減、旅遊深度增加的 Airbnb

Airbnb 和 Uber 的案例十分類似，不過拿來交易的閒置資源由「車子」變成「房間」而已。Airbnb 商標的「bnb」其實是「b&b」的意思，第一個 b 指的是床（bed），而第二個 b 則是早餐（breakfast），這個概念在五十年前的歐洲就非常普及，並不是最近才開始的風潮。那時候的歐洲人流行自助旅行，它們會搭乘鐵路到鄰近國家，例如從丹麥到德國、德國到瑞士等等，下了火車後便要找旅館休息。

身為一名自助旅行者，旅費的斤斤計較是必要的，所以不大可能會去住價格高昂的大飯店，甚至連一般旅館都得要考慮再三，以免預算超支，於是很多旅行者會利用車站附近的服務中心，去查詢這個地區的哪些人家中有空房，譬如有些人的家人到遠方工作、孩子去別地讀大學了或者孩子結婚搬出去住，此時房子多出的空房就可以拿來利用，當成一個臨時供旅人休息一晚的空間。一般的旅館飯店能提供許多服務，但這類的借宿方式只會給你一張床，還有隔天的一份早餐（因此才稱為 b&b）。

為什麼 b&b 算是一種共享經濟呢？因為對於屋主來說，空房的空間就是一種閒置資源，你將它放著只會累積灰塵，但如果將它出租，就能獲得額外的利潤，至於早餐也是共享經濟的一環，畢竟即便沒有房客，屋主每天也都必須準備自己的早餐，所以就算多做一份早餐，炒個蛋、烤麵包、香腸等等，也不需要多花什麼時間與麻煩，算是另一種閒置的資源。

b&b 的概念到了網際網路時代得到了昇華，最明顯的應用就是我們熟悉的 Airbnb，以網路平台做為媒介，讓這樣 b&b 的模式彷彿在天空（air）

媒合，連結不同地區、城市、國家，讓旅客每次旅行不一定都得選擇昂貴的星級飯店，也可以獲得同樣滿足的旅遊過程。

# b&b=bed（床）& breakfast（早餐）

過去的 **b&b**，需要旅人到某地的服務中心，才有辦法查詢……

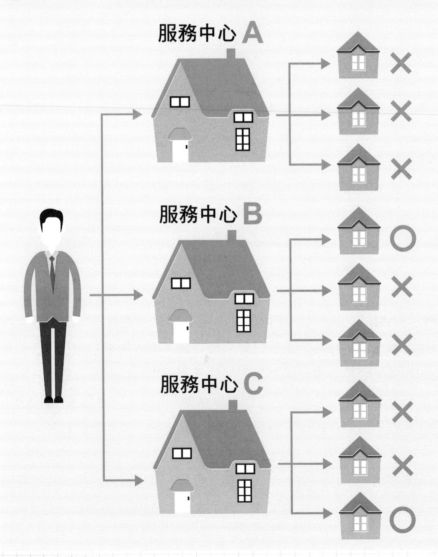

**Airbnb 透過網路平台，能快速媒合需求者與供給者**

## 發起城市交通新綠色革命的 Obike

和 Uber 及 Airbnb 相比，Obike 又是個更時髦的名詞，然而在說明 Obike 的營運模式以前，我們先了解一下另一種目前常見的共享腳踏車系統 —— Ubike，才好做兩者間的比較。

Ubike —— 開始由台北市發跡（現已擴展至多城市），是以地方政府和企業間簽約，政府以公權力劃出 Ubike 可停放的區域，架設立柱供其停置，然後以計時租借的方式給一般民眾使用，使用者能從 A 停放區取車，騎到同樣設有立柱的 B 停放區，或中途上鎖。這樣的方法當然是共享經濟的範疇沒錯，它可以舒緩城市內壅塞的交通狀況，是屬於大城市裡交通解決方案之一，讓在區域內活動的人們先搭乘大眾運輸工具到特定點後，再騎腳踏車至目的地，我們稱做「最後一哩路（last mile）」，對某些熱愛邊運動邊通勤的族群而言甚至是最後十哩路也不為過。

一般的私人單車只能供一個人騎，大不了一家多口輪流騎乘，而沒人使用的時間，私人單車就成為閒置資源。共享單車的理念即是把單車變成公眾運輸的一環，我騎完了以後放在定點，就能提供給下一個人使用，如此一來一天可能就會多出十多個使用者，減少單車閒耗的時間，就是減少資源的消耗，降低成本。

共享單車出現後不久，中國和新加坡的廠商又將其改良，其一例就是 Obike。這類「無樁單車」憑藉著衛星導航測量功能，使得共享單車的概念更發揚光大，它不必像 Ubike 非得在特定地點取車停車，只要用手機連接網際網路，立刻就能定點找到附近無人使用的車輛，透過刷卡、電子支付以後使用，讓每輛單車的閒置時間能更縮短，使用流動率再提高。

　　唯獨這類無樁共享單車管理不易，若使用者任意停放將影響市容，又或者許多使用者將 Obike 單車停放在機車停車格內，既無法收費，又同時和機車產生排擠效應，雖種種副作用仍待改善中，但若排除掉道德及法律層面的問題，Obike 確實是共享經濟發展相當顯著的案例。

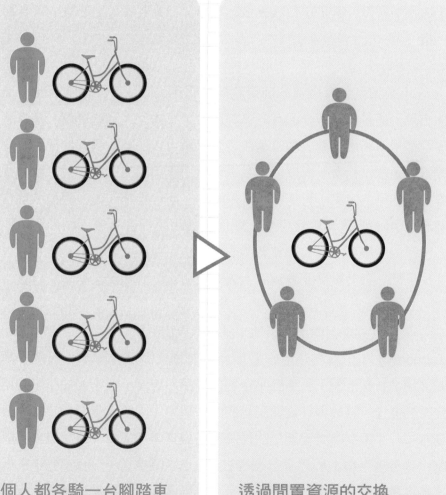

每個人都各騎一台腳踏車
會造成資源的浪費……

透過閒置資源的交換
就能達到一車多用的效益

# 什麼技術的出現（強化）促使了共享經濟的發展？

簡單而言就是「平台技術」的成熟，讓人與人之間共享資源可以更沒有距離與障礙，這類平台技術的面向很多，像是網際網路的發達、智慧型手機逐漸普及、衛星定位效果卓越等等，都是共享經濟必要的平台技術的一環。

上述提到共享經濟的前提就是「閒置資源」，閒置資源並不是近期才出現，而是從古至今都有的多餘產物，比如沒人騎的單車、無人住的空房等都是，不過以前的需求者並沒有管道可以快速、精確地找到擁有這些閒置資源的供給者，所以假使我是個五十年前的自助旅行者，我要找到願意提供空房的人家，可能得要逐戶詢問，吃一堆閉門羹，但換做現在，我們有了 Airbnb 這類媒合平台，則僅需要用手指在手機上點幾下就能得到自己想知的結果，擁有閒置空房的屋主也可以不必到處張貼告示，就能有住戶上門，對於供需雙方皆有大大的幫助。

其實在共享經濟出現以前，就有人提出過所謂「平台經濟（Platform Economy）」，意指建立一個平台以溝通供需雙方需求（如電子商務、知識網站皆是一例），這些平台提供產品、服務、技術、知識，利用資訊技術的發達，打破過往實體交易的諸多隔閡，同時大量降低成本（甚至零成本），來讓交易過程產生的經濟利益損失減至最少，如此服務在網際網路、智慧型手機上都已經普遍存在，一般只需開發一個新的 APP 就可以連接各種商品、服務、買家，只是共享經濟又比平台經濟更進一步，導入閒置資源到平台上做交換，帶動另一個新的熱潮。

## 共享經濟的未來展望

目前我們常見的共享經濟服務多是 B2C（Business to Consumer；企業對消費者）模式，但共享經濟其實也有 B2B（Business to Business；企業對企業）的運作方式，譬如一間快遞公司預計從五股取貨載到台北市大安區，而五股這個地區剛好是家具工廠的聚集地，那麼這間快遞公司就可以利用「多餘的貨櫃空間」，「順便」以較低的價格替某些家具廠運送家具到大安區。這整個過程中並沒有影響到快遞車輛原本設定的路線和工作內容，但最後它卻能獲得額外的收益；相同地，位於五股的這些家具廠因為不必特地叫貨運公司送貨，只需要路過的快遞貨車順便取件，便能用低廉價格將家具送達大安區，成為共享經濟的受益者之一。

# 創業一定要建立「品牌」嗎？

許多想要創業的年輕人都認為「創業一定要發展品牌」，因為他們覺得只有建立自有品牌才能賺錢。但你知道發展新品牌有哪些利與弊嗎？你對品牌的理解夠深夠廣嗎？

要建立一個品牌前，需要探討的面向有很多，我建議多看一些品牌的案例，不論是成功的、失敗的都應該多看。以下將從各種不同的面向來探討品牌，同時列舉一些簡單的品牌案例，各位可以一邊閱讀一邊思考創業與品牌之間的關聯性與必要性。

 ## 首先，先來理解什麼是「品牌」

什麼是品牌？就我的看法而言，品牌就是一個顧客使用後的印象暫留。換句話說，當顧客得到一個訊息，或使用某一項產品時，會對它有好、不好或者其他的印象，這個印象會影響到他下次在購買時，會不會指名同一個牌子。

很多人都以為品牌是正向的，其實不然。舉例來說，社會上有太多人因為覺得使用的經驗不好，等到下次購買時，就會告訴店員或提供商品的

人說：「這個 LOGO 的東西我不要，我要使用別的。」所以品牌不一定都是正向的，它代表的是一個認知，以及經驗的留存。

如果你的產品品質不好，或者你強調的是較低的品質、較低的價格，那你必須把 CP 質（cost-performance ratio，性能價格比）的特性事先讓消費者了解，否則任何消費者使用以後感覺不好，就等於這個品牌讓你背了負債，而不是資產。

反過來看，如果你有一個身分（identity），有一個名稱、商標，讓消費者認識這個圖案，他使用或接受服務以後覺得很好，下次就會指定這個商品。

## 再來，探討品牌創造的價值

許多人都想知道「是不是只有高價的商品才需要發展品牌呢」？其實並沒有一定。所謂的品牌並不是只有那些高價少量如 Mercedes-Benz（賓士）、Ferrari（法拉利）、Maserati（瑪莎拉蒂）……商品。事實上，平價品的品牌更有價值。

大約在 15 年前，當時是個網路世代還沒出現的時代，歐洲有一個機

構每年都會發表全球最有價值百大品牌的排名，在那個實體消費的時代，幾乎每年第一名都是可口可樂。可口可樂一瓶大約才十幾塊錢，不算是高價商品，可是為什麼它的品牌值錢呢？因為大家每天都指定喝它，一天喝好幾罐，全球上億人在喝，所以即便它每一次消費的品牌價值只有一元，一年累積起來的總量也很驚人。

即便到了網路世代，大家買手機還是選擇三星、蘋果，為什麼呢？除了品牌，還有兩個原因，一個是消費者過去的使用習慣，一個是使用者介面。假設我習慣用蘋果手機的 IOS 系統，我就不太會改變，就算我們都知道重新學習很簡單，但別忘了「人是有惰性的」。很多做品牌的人都忽略了「使用者的惰性是品牌移轉裡最困難的事情」。如何讓原來已經習慣於某一種操作環境的人，移轉品牌到一個功能較強、CP 值更高的產品呢？這都是我們做品牌時，必須思考的基本的問題。

## 品牌的根本要素 1：CP 值

有了品牌就能為商品加分嗎？基本上，品牌的附加價值不容易超過30%。假設我今天要去買一條牙膏，我知道 A 牙膏比較好，但它比其他牌子貴了 30%，大部分的人通常都會選擇買別的牌子的牙膏。

假設你今天要買一台汽車，你正在考慮 Audi（奧迪）、Lexus（凌志）和 Maserati（瑪莎拉蒂）這三個牌子。若這幾台車的性能、級別都一樣，可是 Maserati 比其他兩款貴 30%，你會選擇多付 30% 嗎？

這其實並沒有絕對的答案，因為不一定每個人都那麼重視品牌，所以千萬不要高估品牌的議價性。有些人會因為品牌而購買某項商品，這種動機多半是來自於喜歡對外炫耀的個性，但這種個性的人在消費者族群中所占的比例相對還是少數。

141

## 品牌的根本要素 2：獨特性

品牌的根本要素除了最重要的 CP 值，還有它的「獨特性」。例如有些人喜歡特定味道的香水、特定的顏色，最後就會對這個品牌產生獨特的忠誠。反之，在做品牌的時候，也可以使用利基（niche）的品牌策略，例如你的產品只針對左手慣用者、針對胖子，或針對不太會使用語言文字溝通的人。當你針對特定的族群提供某種商品，他的忠誠性就非常高。

很多人會在品牌裡放入一些加值的元素，譬如強調有機、健康、韓流、嘻哈風，或者是一些特殊元素。消費者因為這個品牌具有某個特殊的元素而購買，這就是為品牌加值。但我必須提醒各位，這種元素不能加得太過度。

不管是大家常放入的親子、文化、環保、健康等品牌加值元素，它就像一碗湯裡鹽巴所扮演的角色。你加一點鹽可以增味，但整碗都是鹽的話，大家吃不下去。所以為什麼台灣有很多文化創意的產業做得不是非常理想，原因就是把鹽放得太多。這些人在做文化創意品牌的時候，如果把文化的元素放得過多，創意或消費者基本 CP 值的需求照顧得太少，那這個商品注定是個失敗的商品。所以品牌絕對有加值作用，但是品牌加值要有突出的元素或獨特的族群，最重要的前提是「CP 值」的基本架構要取得一定的平衡。

　　這裡有個顯而易見的例子：丹麥是一個非常重視環保的國家，他們曾經做過一個很有名的實驗，就是把兩個大家日常會使用的家庭用品做出口測試。所謂的出口測試，就是我在大賣場的出口等著，當有人在裡面購物一圈出來後，我訪問他剛剛買了些什麼，假設買了洗衣粉，那我就展示兩個洗衣粉品牌，A 牌是主張環保的，B 牌沒有強調環保，兩者的洗衣功能相同，且兩個品牌大家都知道。接著詢問他主打環保的 A 牌貴 5% 會不會買？貴 10% 會買嗎？貴 15% 會買嗎？貴 30% 會買嗎？

　　在上方的案例中，最後調查結果顯示：即便在丹麥這個高環境意識的國家，實驗結果發現若 CP 值超過 15%，大家就不會因為環保、健康或者其它的因素而購買。這也就是為什麼**以特殊元素來為品牌加值是有限的，因為消費者最在意的還是 CP 值**。所以你在做品牌時，對於「定價」的拿捏一定要仔細思考。

## 接著，分析品牌的「定價」

　　做品牌時，你要告訴大家你的定價是屬於什麼性質，如果你定的是高品質中等價位，就是「優質平價」。有些品牌走的是高質高價，有的是平

質平價，有些是低質低價，其實蘿蔔青菜各有所愛。我們在行銷學裡常提到一個產品分布圖，分為四個象限，X軸是價格，Y軸是品質（如下圖）。

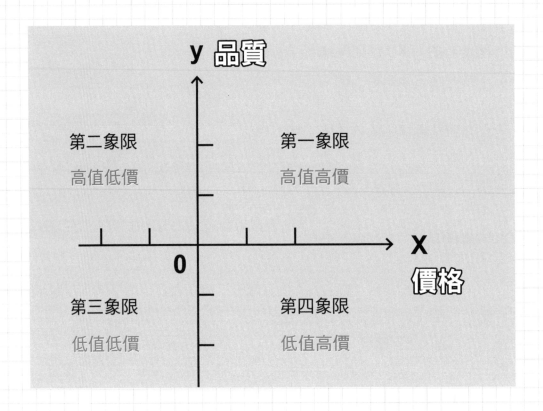

在實務上，四個象限都會有人購買，但絕大部分的人都會想買第二象限，也就是高質低價的商品，而極少數人會去買第四象限。當然廠商也不是笨蛋，廠商如果能夠把高質的東西賣到高價，為什麼要把高質都賣到平價？廠商一開始不知名的時候可能在第二象限，他會想辦法把產品慢慢往第一象限移動。假設我的品牌一開始打出來的時候是高質低價，慢慢變成高質中價，有了知名度之後再變成高質高價，這是一般廠商很自然的操作。

消費者購物時，最想買的是第二象限的東西，最該避免的是第四象限的商品。第一象限和第三象限的族群是比較清楚的。例如第一象限的消費者，他們買車就是買 Ferrari（法拉利），喝酒就只喝一瓶 10 萬塊的紅酒，他們不一定是有錢人，但他就是要過有錢人的生活，所以他們選擇第一象限的高質高價。

另外也有一些人，尤其是大部分有小孩的家庭主婦，她們會從原來不同象限走到第三象限，即便差一塊錢，她也會選擇去遠一點的地方買，這就是市場的自然分配。當你在做品牌的時候，一定要把自己的品牌特質定位清楚，努力從其他象限往第一象限移動。

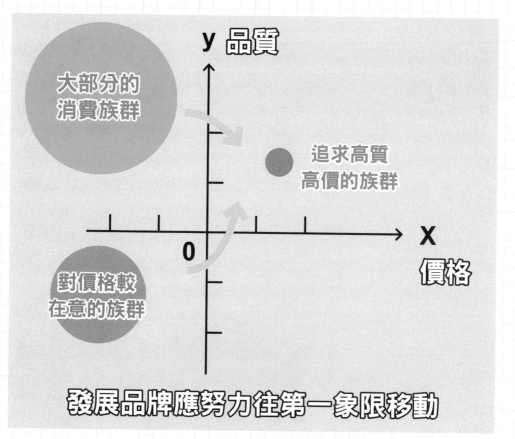

**發展品牌應努力往第一象限移動**

145

## 然後，談談「品牌代言人」的重要性

有一些商品主要是用來撫慰消費者的心靈，滿足他一些實體生活上不能滿足的需要，他會不斷地嘗試這個商品，即便用了沒有效果，他也不會去客訴，最具代表性的例子就是化妝品。女性消費者基本上不會客訴為什麼使用後沒有變漂亮，因為她不敢面對「我不漂亮」這個事實，更不會公開承認這件事情。

 ### 從案例談品牌：SK-II

王志剛老師在談行銷學的時候，曾說過：「保養品與化妝品給女人的不一定是美麗，但它一定會給女人美麗的希望」。談到這裡，我們可以看一個非常有趣的品牌案例——SK-II。雖然這幾年與 SK-II 差不多的面膜產品越來越多，但在十年前，SK-II 曾經在亞洲地區得到非常多女性的喜愛。

**經典案例** **SK-II 一開始居然是個不被看好的品牌？**

許多人可能不知道，SK-II 是世界上最大家庭用具品牌製造商 P&G 公司旗下的一個品牌，P&G 併購了一個快倒閉的老牌化妝品公司蜜斯佛陀（Maxfactor）。當時因為蜜斯佛陀沒有創新，倒閉後就被 P&G 買下來。P&G 買了之後，發現蜜斯佛陀的品牌已經沒有價值，但它有一些商品、技術和研發的東西仍有價值，其中包括一個西洋人最不能理解的研發，就是「美白」。

P&G 亞洲區的總裁是一位日本人，他發現 Pitera 這個技術是蜜斯佛陀的專利，可以運用在臉部美白上，於是他到總部主張要把這項研發推向亞洲。西洋人認為女性追求的不都是自然膚色嗎，為什麼要美白？這位日本總裁費了很大的功夫說服總部的人，P&G 想來想去仍對此不太有把握，便回應說：「要推行可以，但你要創造一個新品牌，不要拖累我 P&G」，這就是 P&G 的多品牌策略。

P&G 一開始推行 SK-II 的時候，首先想到的是「誰是我的 TA」？各位不妨可以先在這邊停下來思考幾個問題：

① 哪些人是 SK-II 的 TA ？

② 哪些人最介意美白？

③ 幾歲的人會在意臉部的老化、臉部的皺紋？

④ 我的廣告可以怎麼做？我要找幾歲的人作為代言人？

⑤ 我廣告要吸引的目標族群大約是幾歲到幾歲之間？

請先思考一下上頁的幾個問題，把你的想法寫在紙上，再接著往下看。

　　以上的問題其實沒有絕對的答案，但我們可以從 P&G 當時的 TA 設定與行銷方式，來看看它是如何推行一個新品牌。SK-II 的 TA 是想要美白、介意老化的女性。一般來說，會開始產生皺紋、皮膚光澤度降低的年齡是 35 歲以後的女性。

　　SK-II 之所以會成功，最主要是它把 TA 定義得非常清楚，它的目標就是 25 歲到 35 歲這個族群。因為 25 歲以後的女性會開始擔心她 35 歲的皮膚變老、皺紋變多，所以她現在開始保養，希望自己 35 歲時，看起來會像 30 歲的樣子。而真正 55 ～ 60 歲以上的人，根本不會用面膜，所以面膜要賣的對象是擔心以後老化、初期老化、正在老化的族群。

　　既然目標族群確定為 25 歲到 35 歲的女性，那該如何打動這個目標族群呢？答案就是「找代言人」。SK-II 一開始的行銷策略並不是靠通路占架子、用價格吸引人，或是走佈滿百貨公司通路的方法，它用的是「廣告」。

　　我們在行銷學常常講到 Pull（拉式）和 Push（推式）。假設我把貨鋪到店面，走通路策略，這就是 Push；另一種是我用廣告把客戶吸引過來，即便台北只有一間店，客戶也會特地來找商品，這就是 Pull。

　　SK-II 走的策略是 Pull，它把品牌形象藉由廣告打出去，吸引客戶主動上門購買。雖然現在 SK-II 已經不具備這樣的優勢了，但十年、二十年前，許多人會特別到專門的店，指名要買 SK-II。它是如何創造這股熱潮的呢？我們可以先想想看它在電視上打廣告的代言人是誰，這些明星具有什麼特質。

　　SK-II 的代言人有關之琳、劉嘉玲、鄭秀文、舒淇、蕭薔……這幾位女星代言的時候，她們都超過 45 歲或者接近 45 歲。當 25 歲的女性族群看到這些代言人 45 歲卻看起來像 30 歲，她們就會覺得「這是我的模範、是我的偶像，我到 45 歲以後也想要有 30 歲的肌膚，我要和她一樣」。所以我們可以說代言人傳達的就是一個夢想，她提供即將變老的女性一個美好的夢想。

　　很多女性的壓力是來自於「我會變老」這個精神上的壓力，所以當她使用這個品牌的面膜時，她減輕了心理上的壓力。某種程度來說，保養品是一種心理治療，它可以讓人的壓力降低。SK-II 是一個非常成功的案例，它沒有去找一個 25 歲天生美麗的人代言，也沒找 35 歲的人，它找的是 45 歲左右卻看起來像 35 歲的人代言。

藉由這個極度成功的品牌銷售案例，我們可以思考：

① 如何突顯你的品牌特色。

② 怎麼讓你的消費者除了 CP 值以外，產生一些心理上的滿足或者對某一些挫折感的降低。

## 於是，思考「品牌認同感」

我們在講品牌的時候，會探討客戶要買的到底是一種心理的因素，還是要買實質的規格和效果。上述的 SK-II 屬於心理因素，而智慧型手機就屬於後者。我以目前有名的幾個智慧型手機品牌為例，讓各位一起思考「品牌認同感」的建立。

### 從案例聊品牌：六個智慧型手機品牌

智慧型手機剛推出的時候，很快就打敗了原來的 Motorola（摩托羅拉）跟 Nokia（諾基亞）。相較於傳統的手機，智慧型手機可以上網，相機畫素又高，還能利用 APP 連上各式各樣的服務，所以 2G 的 Motorola 和 Nokia 很快就被市場淘汰。

隨著智慧型手機功能突飛猛進地增加，它的價格雖然比傳統手機更貴，但在電信商綁門號的策略下，大部分的人都已經換了智慧型手機。現在的智慧型手機有六大品牌——蘋果（Apple）、三星（Samsung）、華為（HUAWEI）、LG、OPPO、SONY。這六大品牌已經把手機該有的功

能都做出來了，畫素也到了極高，操作介面已經變得非常容易，APP 也夠多了，基本的功能和規格已經到達極限。六家品牌不論如何競爭，能做的都差不多做了，消費者的需求也被滿足了，那麼該如何讓消費者選擇我們品牌呢？答案就是滿足他們的「次級需求」（Secondary Demand）。

前面敘述的規格差異、畫素高低等等，都是初級的需求。當初級需求都滿足了，消費者就會講究次級需求。次級需求會讓消費者在 A 牌、B 牌、C 牌之間，因為個人的喜好或認同感，選擇購買某一品牌的產品。

## 消費者的次級需求：

1. 個人的品味——比如顏色、外型，每個人都會有不同的喜好。有些品牌會同一系列推出很多種不同的顏色，滿足各式各樣不同消費者的需求。

2. 發展特殊的認同感——有些品牌會塑造正向的形象，讓消費者對品牌有認同感。例如某個牌子讓我覺得它不是血汗工廠，它對待員工的方式是人道的，是一個讓人尊敬的企業，所以買它的產品讓我覺得很驕傲，即使價格貴一點我也願意買，因為我認同這個品牌。

3. 針對特定族群——例如發展女性專用的品牌、老人專用的品牌、愛炫耀的人會想買的品牌。

這三個需求都會讓人在選擇品牌時，考量的不是規格或功能，而是對某一種價值的認同，或是某一種族群的認同。

 ## 最後，從經典案例來看品牌建立

P&G 在 30 多年前推了一個品牌洋芋片，叫作品客。品客洋芋片是怎麼誕生的呢？ P&G 那時已經是一間非常大的公司，它本來是做家庭用品的，並沒有做食品。當時他們內部的行銷部門做了一項調查，研究美國零食的市場有多大？零食品牌在市場上的佔有率是多少？這些品牌是什麼族群在吃的？他們做了一個非常完整的調查。

調查出來後，他們赫然發現美國除了正餐以外，佔最大比例的零食是洋芋片，而且他們還發現一件具體的事實，就是洋芋片本身在美國並沒有領先品牌，也就是沒有一個支配市場的品牌。

## 推出產品前，先做市場調查

P&G 是間大公司，旗下擁有非常多不同類型的品牌，「塑造品牌」就是它的強項。所以 P&G 找了它的實驗室，研究如何做出有差異性的洋芋片。他們去調查消費者對洋芋片的抱怨是什麼，後來歸納出最多人提到的兩個缺點。

### 缺點 1：易碎

因為市面上的洋芋片都是真空包裝的，不論是運送或消費者摔到，當他們打開洋芋片看到裡面都碎碎的，就會不高興。

### 缺點 2：保存期限太短

綜觀產品的生命流程，從工廠送到大盤，再從大盤送到零售商，零售商從倉庫上架商品，消費者從架上挑一包買回家，如果放在家裡又沒有馬上吃，以當時真空技術的包裝，大約只有 2 ～ 3 週的保存期限，很容易就過期了。

在美國的消費法中，消費者可以因為過期而拿發票退貨。收到退貨的零售商店會把這些貨儲存到一定的量，再往上退到 P&G，P&G 再把帳退給它們，這叫做「逆物流」，退貨和逆物流的成本是非常高的。

## 品客如何解決兩個人人詬病的缺點

為了解決上述兩個缺點，P&G 試了各種方法，最後發明了直筒瓦楞紙罐，他們抽取真空後再一片一片堆疊，讓消費者打開來看到的都是完整洋芋片。品客後來把這項發明申請專利，所以其他品牌都不能用一樣的包裝。

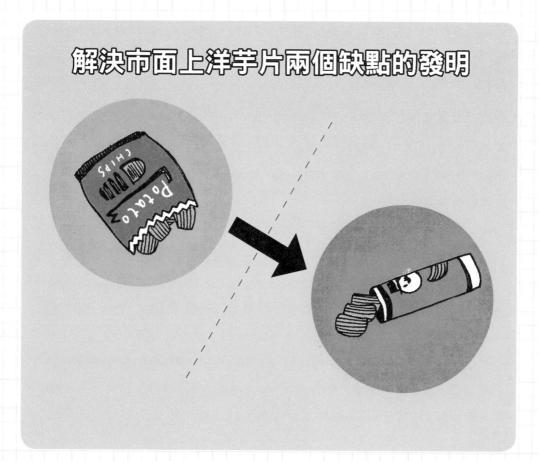

解決市面上洋芋片兩個缺點的發明

# 品客洋芋片罐的發明小故事

品客洋芋片罐的發明人名叫鮑爾（Fredric J. Baur），他是一名有機化學家與食品保存技術人員，他在 P&G 擔任研發及品質管理工作。為了能讓消費者買到的洋芋片不易破碎，他把波浪造型的洋芋片整齊堆疊，放到獨家發明的直筒罐中。

鮑爾 1966 年申請洋芋片罐的專利，1970 年獲准。他以自己的設計為傲，甚至要求子女在他死後，將他的骨灰放進品客洋芋片的罐子裡呢！

 **銷售不佳必有因**

為了推行新品牌洋芋片，P&G 到市場做了盲目測試（Blind Test）。所謂的盲目測試，就是把自家洋芋片跟市場上已經相當知名的洋芋片裝在一樣的盤子上，分成 A、B、C 三種，接著在路上找人試吃，調查他們比較喜歡哪一品牌的口味。

經由盲目測試後，他們發現大約有三分之一人喜歡他的品牌，有三分之一的人喜歡 A 品牌，另外三分之一的人喜歡 B 品牌，也就是自家品牌它並不輸給其他知名品牌，口味也是消費者能夠接受的。

當時 P&G 撥了一大筆預算強打品牌知名度，想讓消費者在短時間內認識產品。P&G 是美國大賣場與超級市場最大的供應商之一，在市場佔有很多優勢。他們在把商品鋪路到全美國的通路，並在主要的電視節目、

報紙上打廣告。剛開始連續兩週的銷售量很高，但第三週以後，銷貨量就銳減，到第四週、第五週的銷售量還是很低，這到底是怎麼回事呢？

## 運用 2 個行銷學技巧，找出銷售不佳的原因

P&G 高層苦思原因到底是消費者不知道這項產品，還是消費者不買這項產品？是大家對新產品的特質認知不足，還是有其他沒有想到的原因？為了找出銷量不佳的癥結點，P&G 運用了行銷學的兩個方法，一個是出口測試，一個是焦點團體。

### ❶ 出口測試

P&G 派人在超級市場的出口等待消費者出來，訪問他們幾個問題，像是「您剛剛進去買了什麼？」、「您有沒有經過零食區？」、「您有沒有注意到零食區有增加一個新品牌？」、「您有購買這個新品牌的零食嗎？」結果發現約有 40% ～ 50% 的人經過零食區，也注意到了新產品，且他們之前都從電視、報紙的廣告認識這項產品，但他們卻選擇架上其他牌子的洋芋片，就算其他牌子的易碎、保存期限短，但大家還是不太想買品客洋芋片。因為出口測試找不出大家不願購買的癥結點，所以 P&G 決定換另外一種方式，就是「焦點團體」。

## ❷ 焦點團體

行銷學中有一種方法，叫做焦點團體（Focus Group）。所謂的焦點團體，就是找一群他們的目標客群多辦幾場活動，但活動沒有暗示這是P&G辦的，而是和大家說這是某消費者基金會，或是某大學研究所舉辦的。焦點團體的目的是要營造出自在的團體互動氣氛，讓參與者可以暢所欲言，說出內心真正的想法與經驗。

他們選在一個獨立的場所，找有一位有經驗的引導人，和大家討論市面上的洋芋片品牌。在沒有品牌暗示的情況下，藉由活動一來一往的互動討論，讓群眾慢慢把真正隱藏在內心潛意識的動機說出來。

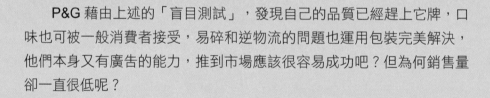

創業動動腦 ▶ **新品牌銷售量不佳的原因**

P&G藉由上述的「盲目測試」，發現自己的品質已經趕上它牌，口味也可被一般消費者接受，易碎和逆物流的問題也運用包裝完美解決，他們本身又有廣告的能力，推到市場應該很容易成功吧？但為何銷售量卻一直很低呢？

透過近50場的焦點團體訪談，他們赫然發現賣不好的理由只有一個，而且是他們事先不知道、沒想過的。真正的問題不是廣告部門所做的廣告效果不好，也不是通路部門所佈置的通路不夠。請動動腦，想想看消費者接觸到卻沒有購買的原因是什麼呢？（答案見 p.160）

## 品牌建立不容易

從前面的品客洋芋片案例，我們可以思考的是，儘管 P&G 這麼大的品牌，它擁有良好的行銷部門與足夠的廣告預算、擁有廣大的通路、擁有傑出的研發團隊，但在推出新品牌時，還是困難重重，更何況是我們自己的新創品牌呢？

這裡再舉另一個案例和大家分享。在台灣，我們大部分的人應該多多少少都使用過「黑人」和「高露潔」這兩款牙膏吧？其實在高露潔牙膏揮軍台灣市場以前，黑人牙膏在台灣可說是獨霸一方，年紀稍輕的你們，可以試著問問自己的爸爸媽媽以前都是用哪個品牌的牙膏，答案十之八九大概都是「黑人牙膏」，黑人牙膏憑藉著多年來的經營和口碑，擄獲台灣大小家庭的心，這是後進者高露潔所做不到的，但是，你曉得嗎？黑人牙膏早在好幾年前就被高露潔的母公司給併購了，如今牙膏市場上看似兩強分割的局勢，實際上已都是高露潔的天下。

既然如此，那麼為什麼我們還買得到黑人牙膏呢？前面提到，一個成功的品牌建立實屬不易，黑人牙膏無論是形象的營造還是消費者的使用習慣深耕，都是高露潔短時間內難以超越的障礙，因此，與其在併購後消滅黑人牙膏，重新花費時間讓高露潔這個新品牌取而代之，不如保留原有的黑人牙膏品牌來得簡單，畢竟對於一家企業而言，利益擺在最前這個原則絕對無庸置疑。

我想和各位說的，就是品牌建立其實並不容易。我建議要多看一些品牌案例，並思考一下品牌建立的必要性。 這呼應了我們這一篇的標題名稱──「創業一定要建立「品牌」嗎？」。

許多想創業的年輕人都認為只有創立品牌才能賺錢，他不想要做代工。放眼現在全台灣市值最大的三家公司，第一是台積電，現在接近六兆美元；第二大是鴻海，市值接近三兆；第三是大立光，市值大約一兆多。這三家公司都不是做自有品牌的，它們都是做代工。所以我認為要創業的人，可以想想看一定要有品牌嗎？品牌究竟會讓你加值，還是反而變成一個負擔？

**創業動動腦** ➤ **新品牌銷售量不佳的原因──關鍵分析**
（題目請見 P.158）

在品客洋芋片的案例中，消費者有接觸但沒有購買的原因，純粹只是因為它的「包裝型式」。

相信很多人有看過品客洋芋片有一種上面寫著英文 Original 的紅色包裝，這是品客最一開始推出的洋芋片包裝。P&G 透過焦點團體訪談這種深層的、潛意識的開發，才知道真正的原因是大家覺得「紅色圓柱形」的包裝長得太像美國另外一種商品的外型，就是知名的汽車機油。

你一定想不到吧？消費者覺得拿著品客的包裝就像喝機油一樣，大家不買的原因純粹只是外包裝的關係。許多創業者和你一樣覺得 This is ridiculous!（這真荒謬！）。這個案例給我們的啟示，就是消費者最直接的水平聯想，其實在品牌裡是非常關鍵的，因為它影響的不是意識與意願，它影響到的是「潛意識」。

P&G 是一個多品牌的公司，他能夠理解這個原因，所以它想盡辦法改變形象。它出了各式各樣的顏色包裝，為了淡化紅色，它加上卡通的圖像，就是大家現在看到的翹鬍子圖案，以讓大家覺得那不是潛意識中的機油。後來過了幾年，P&G 才慢慢在洋芋片的市場回本賺錢。

所以即便世界最大的公司，都在這上面犯了一個錯誤，即便所有的條件都具備，還是漏了一個它不知道也沒想到的條件，可見推動品牌是非常困難的。這樣的案例非常多，台灣也曾發生過。

## 台灣的相似案例

現在大家看到一種小瓶玻璃瓶的酒，當初推出是為了讓消費者方便隨手拿，且一次就可以喝完。40 年前左右剛引進台灣時，卻受到極大的抗拒，為什麼呢？

當時會喝瓶裝酒的人多屬於勞動階級的農夫、工人，這款酒剛好和另外一種商品很像，包裝也是相似大小的玻璃瓶，就是農藥巴拉松。這款酒讓人聯想到「我拿這瓶酒就像拿巴拉松自殺」。就因為包裝的問題，這款酒在台灣滯銷了 15 年，一直到下一個世代因為不種田，根本不知道什麼是巴拉松，才開始越來越多人喝這種包裝的酒。

# 未來科技對創業的影響

　　創業是門與時俱進的學問，相信這點大家應該都能認同，所以我們不會將五十年、一百年前的創業思維完全移植到現在，而是將過去創業者累積下來的種種經驗堆疊、融合成符合現代社會環境適用的新創業思維，因為我們的文化、科學技術每天每天都不斷地在改變進步，才使得創業這件事所涵蓋的範圍更深更廣，比如過去的人在創業的決策上僅能憑經驗法則，現在則有大數據可以輔助我們做每個選擇；過去創業強調密集的勞力，現在則是自動化的時代，諸如此類技術上的革新，讓創業變成不僅僅是「花錢開一間公司」這麼簡單的事情。

　　又或者我們可以從另一個角度來看，一次成功的創業必須具備「創新」的元素在，前面提過創新的種類有 1. 技術上的創新 2. 流程上的創新 3. 觀念上的創新，所以一名志在創業的追夢者，對於科學技術的敏感性必然得要提高，才有辦法在過程中得到創新的元素，進而創業。你可以試想，當你能夠了解並活用 5 種新技術（例如大數據、人工智慧等），且這些技術都能應用在 5 個不同的產業上時（例如金融業、醫學界等），就表示你手中握有 $5 \times 5 = 25$ 個創新的元素，如此一來，不就又接近成功創業一步嗎？

　　了解現今科學技術的發展，絕對是一名創業者所不能忽視的一塊。以下將介紹幾種當今創業者必須知道的科技應用。

# 人工智慧

人工智慧（AI）這個名詞已經出現超過六十年了，當初發明這個詞彙的美國科學家，是希望能夠透過輸入數據的方式，讓電腦來運算並來模擬人類思考或解決問題的方法，得出最佳的解答，且兼具準度與速度。

例如在醫學上，一位名醫的醫術可能非常好，但他是個活生生的人，沒有足夠的時間和精力來應付超額的病患；或者一些偏鄉地區，疾病肆虐，當地卻連具有經驗的醫師都沒有，這時候若是能有人工智慧的協助，我們只要把剛剛提到的名醫的醫術、經驗、技巧通通數據化摘取出來，輸入電腦裡頭，由這部具人工智慧功能的電腦，來模擬那位名醫的思考模式，判斷病人的情況，給予投藥治療，如此一來這位名醫不必千里迢迢在各地間奔波，只要我們移動電腦，就能減少人力資源，達到最高效率。這基本上就是當初美國開發人工智慧的原因，為了讓機器模仿人類的思考。

然而早期的人工智慧在發展上，碰過層層阻礙，比如當時的人工智慧屬於專家系統（Expert System），以剛剛提到的名醫為例，正規的做法是工程師把醫生診斷的規則錄取下來，化成參數輸入具人工智慧的電腦當中，每當有新的病例，就不斷新增輸入，好讓電腦模擬醫生的判讀，但到後來發現這樣的速度實在太慢了，且病歷的複雜超乎想像，需考量的因素太多，無法完整精確地全部輸入到電腦當中，加上那時的電腦運算能力尚無法負荷太多的資料，速度太慢，光是要產出一個診斷結果可能就得花上好幾天的時間，不符合經濟效益，所以在當時用人工來處理問題會比用電腦來得快上許多。

還好，接下來的三十年人類在電腦技術上突飛猛進，隨著半導體和軟體的進步，加上演算法的發展，電腦解決問題的速度提升了近百萬倍，過去需要一週才能得到的答案，如今可能三秒就能計算出來，這些進展讓我們開始出現「人工智慧或許可行」的希望。

近期最有名的案例就是 Google 公司開發出的圍棋程式 AlphaGo。AlphaGo 這個人工智慧具有「機器學習（Machine Learning）」的能力，所謂的機器學習指的是在資料輸入後，能夠藉由過去實戰的紀錄，來累積規則和經驗，從初學者慢慢到一段、二段、三段……，過程中不斷強化它的精準度，且速度會越來越快，也因此 AlphaGo 可以在極短的時間內分析過去數以千計的棋譜，快速做出勝算最高的選擇，比起人類棋手，AlphaGo 更像是一名學習力超強的資優生，人類每天只能累積五六盤棋的經驗，但 AlphaGo 每小時就能模擬上百萬副棋譜，自然會戰無不勝，連韓國高手李世乭、世界棋王柯潔都只能甘拜下風。

AlphaGo 的例子讓我們燃起了人工智慧的希望，但畢竟圍棋還是個規則有限的範疇，要讓人工智慧發展到猶如科幻電影一般程度，則仍有許多地方需要突破，不過至少我們知道，人工智慧在有限規則下的應用已經不再是痴人說夢。

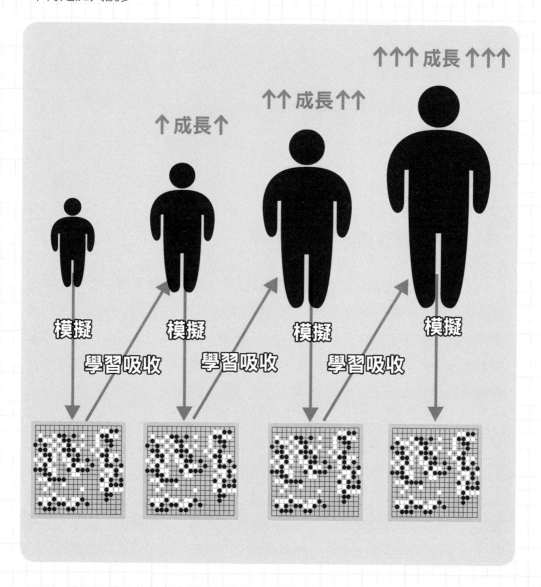

##  人工智慧在醫學領域的發展

　　人工智慧的崛起，第一個影響的領域是醫學。在醫學裡，我們追求的是疾病的事先判讀，好在壞事發生之前就防患未然，但有些疾病往往在發覺時已經是末期了，它在早期或許沒有徵兆、或許徵兆非常不明顯，藉由照超音波、X 光、抽血等方式都不容易發現，因而在後期重症病發時才會變得一發不可收拾。

　　但如今我們在人工智慧的研究和應用上有了長足的進步，希望可以利用這樣的技術，把數據、規則鍵入電腦中，讓電腦在病症萌芽的早期就能從血液的成分、基因的結構，來確認自己是否擁有罹患某些疾病的風險。當人工智慧理解的規則越多，下的判斷也就越精準，即便不一定能像執業三、四十年、全世界技術第一的專業醫生，但至少也可以在資源匱乏、相對落後的國家地區給予協助，使地球上每個人都能受益。

##  人工智慧在金融領域的發展

像是金融投資上，我們的股票、期貨何時該買進、何時該賣出；什麼時候代表多方、什麼時候又代表空方，這些選擇或決策，如今都已有可能透過將遊戲規則輸入電腦的方式告知電腦，由電腦經機器學習後判斷，來替我們算出最高獲利率的解答，也就是因為這樣，除了醫療領域外，金融領域一直被認為是下一階段人工智慧所著重的重點區塊。

##  人工智慧在無人商店的發展

人工智慧的影像和聲音辨識功能也漸漸被應用在生活當中，例如美國的亞馬遜以及中國的阿里巴巴，就以這項技術開始發展無人商店。現在我們周遭大部分的商店都需要店員負責收銀結帳，這種傳統方式對企業來說需耗費大量人力，越來越不符合經濟需求，為了因應趨勢，有人提出用讀卡的機制扣款付帳，如此一來便可以省下許多人力，但卡片和現金一樣，帶在身上難免會有被扒竊盜用的風險，並不百分之百安全，於是就有人提倡使用「臉部辨識」的方法入店消費。

對商店來說，每個顧客的臉都有其特徵資訊，藉著人工智慧中影像辨識的功能，顧客在進入商店的瞬間，電腦就可以根據一些特徵來判斷此人

的身分，並連結資料庫，判斷他是否是常客？有什麼消費習慣？如果這人不是會員，是否應該先去做一個申請的手續？諸如此類的結果，都是人工智慧的應用。一旦顧客進入到商店，他們就能在貨架上找尋自己想要的產品，而透過攝影機鏡頭，人工智慧系統開始以影像辨識功能來觀察每位消費者的行為，比如這位顧客在哪個貨架前反覆走動；那位顧客拿了什麼產品後，又將它放回架上沒有購買；那位顧客最終拿了什麼產品離開。

電腦會將顧客最後購買的產品，告訴另一台電腦，讓它從顧客線上的電子錢包中扣款，且上述這些消費者行為的資訊都會成為無人商店日後參考的數據。這樣的無人商店，如今亞馬遜已在美國多個城市開始實驗，未來將有可能常態化，成為我們生活中的一部分。

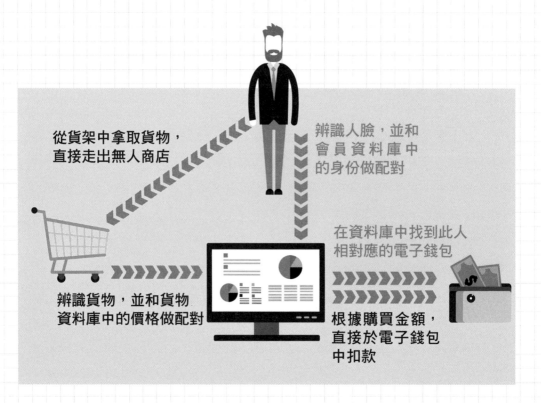

從貨架中拿取貨物，
直接走出無人商店

辨識人臉，並和
會員資料庫中
的身份做配對

在資料庫中找到此人
相對應的電子錢包

辨識貨物，並和貨物
資料庫中的價格做配對

根據購買金額，
直接於電子錢包
中扣款

## 人工智慧在無人駕駛車的發展

除無人商店，現在應用人工智慧的影像辨識功能最顯著且為人知的非「無人駕駛車」莫屬了。無人駕駛車的原理，是利用車頂的國防等級雷達，探測汽車行走的路線、地型、地物、障礙，或者感應前後左右其他車輛的行駛速度、彼此間的距離等等，當然雷達依舊存有死角，所以這些地方便得補上鏡頭。

這邊所說的鏡頭和一般鏡頭不同，無人駕駛車需要的是具影像辨識功能的鏡頭，好擷取車子死角處傳來的各項資訊給車裡的人工智慧系統參考，它不但得知道安全島、紅綠燈、單雙黃線這類靜物，也必須對闖馬路的行人、小狗、鳥獸等突發狀況快速判讀，決定是要剎車還是轉彎閃避，又或者這輛車必須保持多少的時速，轉彎多大的角度，才能與前後左右來車一起，既安全又快速地達到目的地。

現今如美國、德國、日本、中國等國都有很多前端的科技大廠正陸續研發相關的科技，將實驗的數據反覆投入模擬，產生新的數據，看看在各種不同情況下，無人駕駛車會做出什麼反應，因為比起無人商店，無人駕駛車終需面對安全性問題，一但牽涉到這樣的層級，那人工智慧判讀的準確率就不能要求 99% 這般寬鬆，必須堅持到近乎 100% 的正確性才行，這也是為什麼無人駕駛車的開發較為緩慢，但又令人著迷的原因。

上述人工智慧的技術應用，無論是金融、醫學、無人商店還是無人駕駛汽車，都已到了愈趨成熟的階段，而這類技術未來勢必會是企業創新與否關鍵的要素之一，身為一名創業者，必須要洞悉這些隨時可能左右環境的人工智慧技術，或許哪天就派得上用場也說不定。

## 物聯網

除了人工智慧外,另一項未來創業者不得不知曉的非「物聯網(IOT；Internet of Things)」莫屬了。物聯網這個字,從字面上來看大概可以猜出具有「物與物間相互連結」的意義,沒錯,物聯網追求的就是「物件和物件之間彼此能夠傳遞、獲得訊息,並且透過判斷來做出相關反應」。

過去在各種作業上,我們都是讓物件產出資訊,然後把這些訊息交付給人,由人去做判讀,人與人間會彼此交換不同的資訊以求完美,到最後達成某個特定結果後,輸入到另一個物件當中。然而現今技術的進步,我們出現了物聯網的概念,物聯網的核心思想就是把前述過程中負責判讀、傳遞、交換訊息的「人」給去除,將這樣的工作交給「物件」本身,如此一來整個流程當中發送訊息的是物件,做出判斷抉擇的是物件,負責執行任務的也是物件,物件和物件之間交流形成網絡,所以英文才會稱之為 Internet of Things。

物聯網應用的最簡單例子就是汽車導航。我舉個例子,當我們要從 A 城市到 B 城市時,一般而言不會只有一種路線,那麼要走哪條路線才能最快抵達呢?有些人會回答:「距離最近的那條」,乍聽之下似乎沒錯,但這個答案並不正確,因為我們沒有考慮到距離最近的那條路上是不是設有很多紅綠燈?當下有沒有發生交通事故?甚至連天氣狀況是否良好都會影響到路線的通順程度。

然而這個問題卻能透過運作良好的物聯網來完美解決。因為物聯網可以將路線上的紅綠燈訊息反饋給導航系統;因為物聯網可以把路上監視器拍到的事故轉化成訊息告知朝該路徑前進的車主;因為物聯網能把衛星判

讀的天氣狀況傳遞到車上，避免不必要的堵塞。如此物聯網的應用只是其中一小塊而已，目前這樣的技術仍在持續研發並多方實驗中，有關這些基本的技術和概念，未來皆可能成為創業重要的加分因素，即便不是學資通訊的人，也該去了解，這樣創業成功的機率才會大大增加。

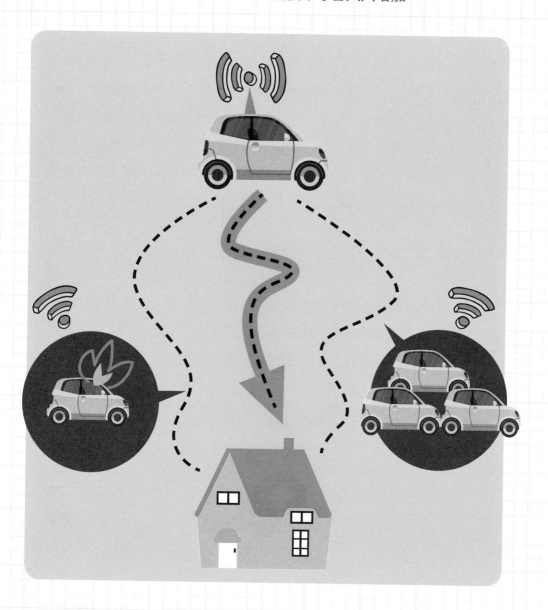

# 從不同的角度 發掘創業的機會

　　以前有許多人問過我一個問題：「怎麼做才能發掘創業的機會？」我覺得這個問題非常有趣。前面提到過，一次成功的創業經驗需要天時、地利、人和的幫助，缺一不可，然而這也經常成為令許多人一頭熱投入創業結果導致失敗的盲點，因為這類人常常隨波逐流，誤以為大家都在做的事情，必然就是天時、地利、人和且有利可圖的創業機會，其實不然，否則也不會出現如葡式蛋塔風潮、網路經濟泡沫化等經典的失敗案例。

　　在創業時，我們必須要考量到一個重要因素，就是「這樣的營運模式是不是存在低門檻、容易被複製的特性？」如果有這類特性，就必須小心，因為這樣的創業類型一旦出現超額利潤，模仿者便會如雨後春筍般冒出來，當模仿者人數擴張的速度大過市場需求的擴張速度時，大家就會開始削價競爭，變得無利可圖，甚至虧損，導致最後認賠殺出。

　　那麼要如何才能不隨波逐流，找到屬於自己的創業營運模式呢？這邊有個例子可供大家參考。

有關注美式足球的人應該知道「舊金山四九人隊」這支隊伍，為什麼它叫作四九人隊呢？因為在西元一八四九年時，舊金山地區被人發現了金礦，許多美國中部甚至東岸的人紛紛來到這裡，希望藉由挖礦或者在水裡淘金沙的方式致富，四九人隊名稱的由來就是在這股熱潮之下產生的。

確實，在那個年代裡不乏有人因為黃金發了財，終生富裕無虞，但更多的是什麼都沒找著，最後只得從淘金夢中醒來，面對悲慘現實的投機客們。這就很類似我們在創業時，一旦出現某種新模式出現，就會有人一窩蜂地開始跟進、模仿的現象，不是嗎？

回到故事發生的一八四九年。這時候一名 20 歲出頭、名叫 Levi 的年輕人出現了，他和他的家人遠從其它州千里迢迢來到舊金山，為的就是趕上這股淘金熱的狂潮。如果這時候 Levi 和其它人一樣開始淘金，幸運的話，會挖到幾公斤的黃金，一輩子衣食無缺，接著開始任意揮霍這筆財富，沉浸在酒精、女色的生活當中……這是當時常發生在淘金客身上的故事，他們發了財，接著快速花光，這種財富基本上在一百年後便不復存在，沒有一點剩餘（和一百五十年後，一九九九年舊金山旁的矽谷出現的網路淘金現象可說是如出一轍，連結果都一樣是以失敗收場，這種巧合實在是非常奇妙）。

但 Levi 和他的家人們並沒有跟隨這些人的腳步進礦坑挖礦或者在水裡淘金，反而透過觀察，發現了一件重要的事：「既然挖金礦的人這麼多，那麼他們肯定會需要一些工具吧！」他發覺了其中有樣東西平時較難取得，那就是褲子。因為淘金是項粗活，上山下水的過程中西裝褲容易磨破損毀，所以如果這時開發一種耐穿、快乾、不易磨損的褲子，一定可以

滿足淘金客的需求進而熱賣。Levi 開始研究布料與針織技術，最後總算研發出了牛仔布，並利用其做成牛仔褲供淘金客購買穿著，此後，Levi 便以供應牛仔褲致富，這位年輕人 Levi 的全名是 Levi Strauss，而他所開發的牛仔褲就是如今依然赫赫有名的 Levi's 牛仔褲。

　　多年後的現在，Levi's 的牛仔褲依舊熱賣，且客戶已經從當年的舊金山淘金客擴大到全世界任何一個角落，成為家喻戶曉的知名品牌，反過來看，一八四九年時並沒有「牛仔褲風潮」，Levi's 的誕生不過是當年為了因應「淘金狂熱」的附加產品罷了，但回想百年前的熱潮中，究竟誰挖到了黃金？他們的後代是誰？這些可能都已不可考了，那些如過江之鯽投入淘金的投機客們最終未必都賺到了錢，卻反而讓舊金山當地的酒吧、馬伕或牛仔褲成衣商從中獲得不少利益，這樣始料未及的發展，或許很值得打算創業的你好好參考並深思。

身處二十一世紀的現在，我們可以發現身邊每一個創業者都投入資源在同樣的環境當中，每個人都在追求文創、共享經濟、直播、電商、開發APP……因此我們是不是也能回頭想一想，在這些大家一股腦投入的創業環境中，是否存在著如一八四九年舊金山淘金潮一樣的共同需求，我們可以利用這樣的共同需求提供工具，成為新世代的 Levi Strauss，這樣會比盲目跟隨潮流，在競爭當中殺個你死我活來得聰明。

Levi Strauss 的思維，現在其實已經有越來越多的創業者跟著效法了，這類的創業模式又可以分為「IasS（Infrastructure as a Service；基礎建設即服務）」、「PasS（Platform as a Service；平台即服務）」和「SasS（Software as a Service；軟體即服務）」三種。例如電信商提供 4G、5G 的功能給各家公司，使其能夠上網、通訊，就是一種 IasS；而像 Google、亞馬遜等提供媒合機制的網站，就是一種 PasS；至於像是 Uber、Netflix、愛奇藝等這類公司則屬於 SasS，他們本身不提供產品，只是透過網路以軟體來整合、媒合消費者和產品兩者。簡而言之，隨著科技與生活型態的改變，「創業」這件事變得複雜許多，但同時也代表著其中存有更多我們尚未發覺的商機，時時換個角度思考，或許下一個創業成功的經典案例就是你也說不定。

# 想要創業的你，
## 在這第三桶冷水中學會了多少呢？

**Q** 創客經濟分為B2B和B2C，台灣是B2B創客經濟最佳的供應基地，你未來的創業計畫，將如何運用這個優勢？

**Q** 一個全新創意的產品，如何在推出上市前，做好使用者測試(beta test)？應該注意哪些可能的盲點，以減少上市前不知的風險？

**Q** 統一超商引進台灣第8年，發現原先訴求的目標客戶族群(TA)對其服務策略較無感時，統一超商做了什麼策略改變的決定？

**Q** 薄利多銷，一般而言，降價可以增加銷售量，甚至銷售總金額，但一定會增加總利潤嗎？如果只是銷售額增加、利潤卻減少，你會做何選擇？

**Q** 共享經濟有哪些前提條件？中國大陸目前盛行的共享單車、共享雨傘，算是正確的共享經濟商業模式嗎？

**Q** 為什麼本書前面內容認為「獨特性」、「CP值」是建立品牌價值的要件？你同意嗎？為什麼？

**Q** 一瓶可口可樂不到20元，但是它的總品牌價值卻極高，請問原因為何？

**Q** 為什麼利用人工智慧及物聯網的普及，可以創造出各式各樣、各行各業的創新、創業機會？請試由Levi's案例解析。

想知道更多關於創業的知識嗎？
掃描QR code，直接在臉書上和杜老師來場腦力激盪吧！

第**4**桶冷水

創業後，
你該要懂得更多！

# 創業該設停損點嗎？如何完美收場、漂亮下台？

在各行各業中，我們常說「上台靠機會，下台靠智慧」。創業本身並不容易，但創業失敗非常容易，許多人自信滿滿的，創業前只想到創業的美好與成功，卻忽略了失敗的風險。

 ## 遇到哪些情況就該收場？

當你的創新模式沒有持續增加成長，例如銷售量沒有增加，虧損沒有減少，而且持續了一段時間，這就代表市場已經給你一個清楚的警告信號，那你要先考量自己的口袋有多深，是不是應該停這這裡，不要讓虧損持續擴大。

若你的口袋很深，本身家財萬貫，錢花三輩子都花不完，那你繼續虧損三十年，看是不是總有一天會成功，就算沒等到也沒關係。可是大部分人並不是如此，所以停損點的設定非常重要。

停損點主要有兩個：第一個是前面所述的，在一段時間之內，看趨勢到底是銷售量減少、虧損擴大，還是銷售量緩慢增加、虧損減少。第二個是當累計虧損加上或有負債已經超過你不能承受的範圍，就應該停下來。

**知識補充站** ▸ **什麼是「或有負債」？**

或有負債是一個會計學名詞，指的是企業有可能產生的負債。

假設我在創業時，和家人朋友總共借了一千萬，可是我現在虧損連連，不但欠員工資遣費，還要負擔押金，如果存貨一毛錢都賣不掉，這些都是或有負債。假設這些或有負債大部分沒有辦法變現，再加上已經欠的債，例如我開出去的票三個月之內要到期了，若這些全部加起來會讓我傾家蕩產，我就應該停止。因為這些都是風險，若不採取一些防守、做最壞打算，狀況只會越來越糟。設定停損點不一定是結束營業，但要採取一個更保守的方法來對應，所謂「留得青山在，不怕沒柴燒」，失敗不見得就是沒有機會，可能是時機還沒成熟，但謹慎面對絕對是一名創業者必須擁有的負責態度。

在此，我必須非常不負責任地說，假設你是利用天使或創投的投資來創業，那失敗就算了。可是如果你的資金是來自於家人、朋友，就一定要用不同的態度面對。因為風險投資或天使本來的假設就是「投資十家有三家成功，七家失敗」，他仍然會有獲利，而且他們投資前也會先做評估，覺得有潛力、有興趣的才會投資，但是父母的退休金一旦賠光就回不來。我認為創業者不能把這些風險讓愛你的家人承擔。所以資金來源不同，停損點的設置也會不同。

## 真實案例分享　莫讓創業夢想變成傾家蕩產

我曾經有一個朋友 A，以前我們在同一間公司共事，他是技術協理，我是業務協理。因為他對某一項技術非常著迷，所以他把家族的錢拿去研發一套技術，做了一大堆的零件。那時候原本韓國、日本、台灣都有一些電子企業可能會買，但偏偏他的技術有其他競爭者，且他又不願意降價，等到後來想降價的時候，別人的產品已經占據市場。

他因為賠光家族的錢，每天都不敢回家，睡在一個破倉庫裡面，只吃麵包配開水，陪著那些賣不出去的零件睡了三年。年輕的創業朋友們真的想過這樣的日子嗎？

這是一個真實的故事，這樣悲慘的案例比比皆是。朋友 A 原先對自己的技術很有把握，但他錯過了時機。並不是他的東西沒有價值，而是他不知道別人也在做跟他一樣的事情。等他做出來以後，本來有個機會可以用比較低價去賣，但他的合夥人又不同意，等到後來想賣的時候，那些東西已經變成一堆廢鐵了。

我想藉由這樣真實悲慘的案例，讓大家知道創業不等於榮華富貴、衣錦還鄉。有夢想、有理想是好事，但是你的資金從哪裡來、能不能承擔失敗的風險，並在情況變得更糟前搶先退場，這都是創業時必須思考的。

下台要智慧，要決心。你不希望再繼續欠人，就讓自己欠到這裡為止。已經欠的就不要再欠更多。有些人知道自己正在虧損卻不願退場，若以賭博比喻，我們常說賭博最怕的就是輸了想翻本。假設我已經輸了五百萬，我就再賭五百萬把它翻回來，結果不巧輸了一千萬，該怎麼辦呢？我要想辦法再賭一千萬嗎？

　　這種例子天天在發生，我認為沒有本事就不要賭，輸了就趁早認賠、早退。同樣的概念放在創業來看，**各位創業時一定要事先想好第一個退點是什麼時候、第二個退點是什麼時候。**當第一個退點出現的時候，就要改變你的模式，採取比較防守做法，像是降低成本也好、低價銷售也好，至少讓命活長一點，千萬不要把一千公尺用一百公尺的速度去跑。當第二停損點出現以後，我認為你就不要再回頭了。

　　創業不是人生唯一的一條路，你可以先回去企業工作，等到時機成熟再闖也不遲。創業是沒有時間限制的，張忠謀先生 56 歲才創台積電，剛開始的時候他只是工研院的董事長兼台積電的董事長，他實際到台積電是58 歲，他真正人生最輝煌的時候是 81 歲。他在 78 歲時退休兩年左右，後來又回到台積電，這六年他讓台積電至少創造了五倍以上的價值。

所以誰說年輕是唯一能夠創造事業的時間？當你運氣不好、口袋不深，該停的時候就一定要停。你不用怕人家譏笑你，也不用怕面子掛不住，設定停損點不是為了別人，是為了自己。別人譏笑也好，看不起也好，為了自己一定要停下來。下台漂不漂亮不重要，重要的是知道自己該下台，就不要再等了。

# 我們的創業環境與現實

在台灣現實的環境中，大部分創業者的資金都來自於自己的家庭，但父母辛苦一輩子，甚至可能為了你而借錢，我們真的有必要因為個人的理想，讓父母後半輩子承擔這些嗎？我並不主張拿家人的幸福當作風險。

我們對社會和政府常常呼籲，一些擁有好的創意，但是沒有現金的年輕人，是不是應該由國家幫他們承擔第一步的風險？意即你今天創業失敗，第一步風險由政府來承擔，第二步你承擔一半，第三步你承擔全部。這應該是在社會上提倡創新創業比較健康的概念。

我們政府從幾年前開始，就有一些部門在做這樣的事情，但到目前為止，政府所丟進去的錢，大部分都是失敗的。假設政府丟進五億或十億台幣，資助一百個團隊，但最後可以存活的只剩二十個團隊，真正稱得上成功的可能不到二個團隊。

　　換個角度想，如果政府沒有出這五到十億，是不是造成了幾百個家庭的不幸，所以我覺得現在政府最大的可能性，應該是要拿出一定的預算來資助這些創新構想。這是某種程度避免家庭不幸的必須作法。我個人不覺得這種創業會變成台灣產業的主流，至少短期之內不會。也許再經過十年，會有一家會變成大立光、聯發科，但另外 99 家呢？政府也應該照顧他們，讓他們傷害降到最小。有一家變成非常成功當然是好事，可是身為社會或政府，我們還要考慮到其他 99 家受到的傷害和挫折，某種程度來說，這是一種社會的機制。

 ## 從財務面探討創業失敗的原因

　　停損點和資金來源有關，財務是創業最重要的要件之一，許多年輕人在規劃創業的時候，最容易犯的錯就是低估財務的需求，為什麼會低估？以下歸納出三個原因：

### ❶ 低估薪資的成本

假設有三個人創業，一個人每個月只領兩萬，把另外多出來的錢做產品，三年下來，這些薪資的犧牲也是一種隱形成本。若這三個人本身很有才幹，他不走創業路，而是選擇到比較有規模的大公司，可能一個月可以拿到五萬。試著換算一下，這些人一個月犧牲三萬，一年下來犧牲三十六萬，三年犧牲一百萬，三個人就等於三百萬，這些就是隱形成本。

### ❷ 假設第一次就成功

許多人創業時，只有準備一份資金，當遇到一次失敗後，錢也燒完了。他很可能原本有成功的機會，只是需要一些時間讓客戶認識自己，但因為他創業時沒有考慮到長遠的財務規劃，以為第一次就能成功，或是一年就能回收成本，沒有未雨綢繆，導致創業失敗。

### ❸ 沒有考慮到產品大量生產的財務安排

假設我做了一個產品，賣出了一百個，市場反應不錯，現在我想把它擴充成一百萬個，我就需要有更大的投資。但許多年輕人這種時候都會擔心找外面的專業投資者或是企業來投資，他的創意、發明、創業會被控制，或是認為股權、利益會被稀釋。這樣的想法往往限制了未來的發展，讓原本有可能創業成功的機會走向失敗。

# 除了創業，
# 你還有其他選擇

創業要設想的事情、要具備的條件有很多。對於有志創業的年輕人，我希望傳達的是——「創業不是你人生所有的希望」。我當然希望年輕人能夠創業成功，但是我絕對不希望一些本來有成功機會的人，只因為他沒有準備好或是失敗一次，從此一蹶不振，帶著挫折面對接下來的人生。

 ## 從三種職涯類型，
## 思考你的人生黃金 30 年怎麼過

職業生涯（career life），是指一個人終生經歷的所有職業發展的整個歷程。一般人接受到完整的大學教育大約是 16 年，有些人可能會讀到博士，也就是受完 16 到 22 年的教育。受完教育後，我們就開始進入職場，如果不是特別幸運或不幸運，大約可以工作 30 年，接著進入退休。

人生分成三大階段，幼年與求學階段、職場階段和退休階段。在此要和各位談的是第二個階段，也就是「如何經營你的 30 年職業生涯」。這30 年是一個人最黃金的時期，很可能是你20到55歲，或者是28到58歲。這 30 年有一個特色，就是你每天在職場上所花費的時間會高於你的睡眠時間、高於你每天和你愛的人在一起的時間。

你人生最精華的三分之一，就是花在你的職涯。所以你要去思考這 30 年核心生涯的一部分，要如何去經營。我將這黃金 30 年的職涯生活分成三種類型：大起大落型、高原一峰跳一峰型，或平衡人生型。

有些人想在黃金 30 年的過程當中獲得高成就，他想要挑戰創業。這就像是一個人想要爬上喜馬拉雅山，想要超越別人做不到的事，但我們都知道創業成功或失敗是大起大落的，失敗的例子非常多。當我們從學校畢業出來之前，要先想一想在自己的 30 年職涯中，你想要追求哪種路，是那種高挑戰，但可能就死在山上的類型，還是很穩紮穩打，無法立即看到成果的類型。

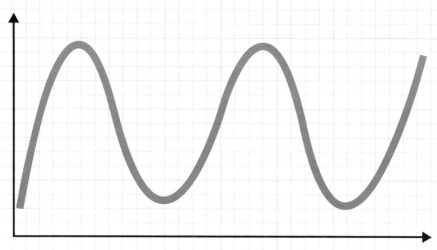

## 大起大落型

 類型 2：高原—峰跳—峰型

有些人喜歡穩紮穩打的職涯生活，從中一步一步邁向人生的新高峰。例如他先進一家不錯的公司，過一段時間累積實力後，再進一間中型的公司當主管，之後再自己成立一家小型的公司當老闆。這樣的生涯屬於高所得但卻相對平穩的。

以爬山比喻的話，第一種類型是挑戰喜馬拉雅山，第二種就像是從高原到陽明山，一座一座邁向更高的地方。

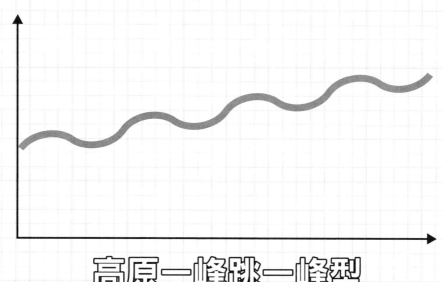

高原一峰跳一峰型

### 類型 3：平衡人生型

有一些人選擇那種花費最少腦力跟體力的工作，然後把生命的價值都放在下班後。他可能找一個工時短的工作，這工作提供一份基本的收入，這個收入以外，他可能還有副業或其他的理財方法。

這些人可能是公司中固定的職員，他的工作沒有太多挑戰，平常可以在辦公室裡交一些朋友，但這些朋友也和自己一樣職場無大志。他可能想把重點放在經營自己的家庭、想生很多小孩、想到世界各地旅遊，或是喜歡攝影，把大部分的時間都花在攝影。簡單來說，這就是「興趣大過於職業」。

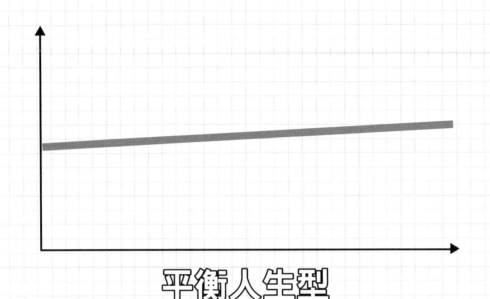

# 平衡人生型

坦白說，以上三種類型無所對錯，這是人生觀的不同。第一種極為刺激，必須要面對很大機會的失敗、破產，甚至是離婚、連累自己的親屬。第二種人生是比較穩紮穩打的，也就是先進一個大企業做一些事情，然後再跳高一點的企業，就像物理中的電子，他在繞行軌道的時候儲存能量，等到能量夠了再跳到下一個軌道，又去儲存能量。

從經濟學上來講，當你選了第一種之後，第二種和第三種就是你的機會成本，你得不到第三種那樣在空閒時間培養你的家庭生活和娛樂，也得不到第二種有穩定的薪資和社會地位。第一種像是玩樂透，刮中了就是富翁，但刮不中的機會很高。你必須要承擔比較大的挫折，這是高利益與大風險、大損害同時存在。**可惜大部分人只看到別人中樂透，沒看到那些沒中的人傾家蕩產在家中痛哭。**

　　我希望強調的，是很多年輕人只知道其中一種，或是沒有把這三種做適當的平衡評估，他可能聽老師提倡創業，就跑去創業，又或者聽父母說要考公務員，他就考公務員。我覺得現在的年輕人自主性愈來愈高，他們應該在畢業前先想好自己的規劃，先分辨自己的黃金 30 年要過哪一種生活。

　　我特別要提三種之間的第一、二種選擇，也就是你究竟應該要創業，還是做一位職場上的傑出主管。如果你的學識條件不錯，又有努力上進的意志，再加上一個適當的人給予指點，或許可以走第一或第二種類型。

　　有些人的人格特質適合當專業技術人員或高階主管，有些人的特質適合創業。簡單來說，那種不怕困難挑戰、賭性較強，同時人際關係處理得宜，表達能力比較強的人，他創業成功的機率比較高。所以思考自己的職涯類型時，一定要檢視自己的人格特質。

## 創業不是人生唯一選擇

　　除了創業以外，你還可以有許多不同的選擇，這些選擇會左右你的生活與職涯。我將創業之外的選擇分為四種，各位可以思考看看，若你今天不創業，你想走什麼樣的路，過什麼樣的生活。

## 選擇 1：做一位專案經理人

做一位專業經理人也是一種選擇。成為專業經理人有兩種方式，一種是進到大型的公司，從底層往上爬，比如說到花旗、中國信託、IBM、惠普⋯⋯。另外一種方式可能是我看到一個已經創業兩三年的團隊很不錯，我不是變成他的夥伴，而是變成他的早期員工，我跟著這個團隊，然後等到它變大了，我也會水漲船高。我可以從大型企業或創業團隊得到很多的培訓，學到很多新的東西，這些將來對我的創業或以後轉職都有很大的幫助。

還有另外一種方式，就是參加一個已經走過危險期的團隊。假設我是前面第 100 個或第 200 個員工進去，等到這個企業變成 5000、10000 人的時候，我能夠得到的福利當然就不錯。而我冒的風險又比較低，因為我並不是創業團隊，我是個早期的員工。

選擇加入一個好的公司，除獲得薪資報酬，還能學習許多事情，從中得到很好的歷練。假設我在大公司穩定待了 10 年，或不同公司各待 5 年，然後我再出來創業，這也是一個選擇。

## 選擇 2：成為投資人

　　第二種是我專做投資，不進職場。但這項選擇我並不推薦給大多數的人，我只推薦給本身具備相當條件的人，例如他在大學或是自己家庭具備豐富投資知識，他可以靠投資讓自己的財富到達一定的程度，先從小額慢慢累積成一筆財富。例如我一開始的投資只有 10 萬、20 萬，然後我分成 5、6 個 10 萬、20 萬，慢慢我賺錢以後，我開始可以投 100 萬 200 萬，再過一段時間我開始可以投 1000 萬、2000 萬、3000 萬。10 年以後，我就有超過 1 億的淨資產，之後就可以過很舒服的退休人生。

## 選擇 3：做社會企業或做義工

　　如果我一直都有賺錢，我可以把一部分的人生規畫做社會義工、做社會企業。所謂的社會企業，就是一個企業同時具備有對社會成長、社會翻轉的重責大任。這也是一種很豐富的人生選擇。

## 選擇 4：過一個平衡的生活

　　第四條路就是過一個穩定、平衡的生活。假設我只做一個前 10 年的職員，我努力讓自己做到中階層以上的工作，我在 25 歲到 35 歲進入一個稍具規模的企業，它不見得是大企業或中大型的企業，可能是一個財團法人。因為我本身有一份長期穩定的工作，我可能升到中高階主管，我讓自己的生活沒有太大的風險，所以接下來我開始過 20 年到 30 年「平衡的生活」。

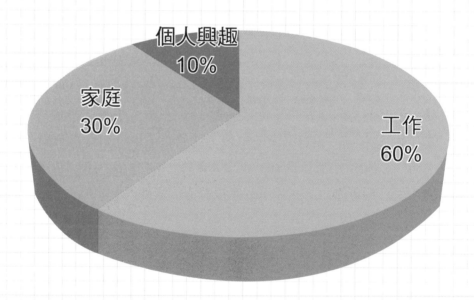

# 生活規畫

個人興趣 10%

家庭 30%

工作 60%

　　平衡的生活指的就是「金錢收入」不是我的人生願望，我追求的可能是家庭、運動、攝影……。我想要專注在自己的特殊嗜好上，比如說我喜歡畫畫、喜歡攝影、喜歡到國外旅遊等等，我用我有限的薪資累積，讓我

一年可以同時照顧好家庭，把工作做好，維持一定的穩定生活跟收入，又可以從事自己有興趣的事情。

打個比方，我在工作中投入 60% 的時間，然後我花 30% 的時間跟我的子女、我的配偶在一起，過一個比較圓滿的家庭生活。此外，我可以有 10% 的時間去做我自己一個人獨自享受的事。比如說請幾天假或利用幾個假期去野外、去寫生、去參加一些課程，或是到國外自助旅行，這是一個比較平衡的人生型態。

誰說人生一定要等到退休，才能開始進入平衡生活？只要你思考清楚，你可以在 35 歲、40 歲的時候，開始從工作、家庭、個人嗜好中取得平衡。說不定這個平衡人生在你的人生價值裡面，你會獲得一些創業者根本沒有辦法獲得的東西。

這樣的人生不一定輸給創業，是吧？我想讓大家思考的就是——**創業真的是你人生唯一的希望嗎？**尤其針對年輕人，我認為不必在大學一畢業，或者畢業之前一年就做決定。如果你很清楚知道自己是哪一種個性的人，你當然就可以做選擇。如果你還沒想好自己想要的是什麼，就各種都了解一下吧！你可以進入職場，或是學習新東西，人生很長，沒有人規定學會計的就一輩子只能做會計、學音樂的一輩子就只能教音樂。所以先思考自己想過什麼樣的生活，分析自己的個性適合走哪一條路，如果真的決定要創業，也一定要仔細評估，做好萬全的準備。

# 想要創業的你，
## 在這第四桶冷水中學會了多少呢？

**Q** 創業是高風險的嘗試，如果持續不順利，也不宜一直硬撐，請問你創業計畫的停損點（放棄或改弦易張）是否先清楚設定過？又設於何處呢？

**Q** 什麼是創業者的「或有負債」？ 創業如果失敗，創業者能直接拍拍屁股走人嗎？員工的資遣、債務人交待、存貨和供應商貨款，如何妥善安置，都想清楚了嗎？

**Q** 人的職業生涯30-40年，想一想，你喜歡哪種模式：1.大起大落型、2.高原－峰跳－峰型、3.平衡人生型？決定之後，你「是否創業」或「何時創業」的問題便呼之欲出了。

Q 經濟部和國發會都有協助青年創業的輔導方案，你清楚它們的
　 內容嗎？試著先上網做做功課吧。

Q 你可曾聽過「大眾創業、萬眾創新」？是否考慮過去中國大陸
　 創業？這是個機會稍高、環境風險也較高的選項，建議多向過
　 來人請教，蒐集足夠的訊息後再做決定。

想知道更多關於創業的知識嗎？
掃描QR code，直接在臉書上和杜老師來場腦力激盪吧！

# 我真的不是潑冷水！

## 不要讓創業套牢了你的青春

| | |
|---|---|
| 作　　　者 | 杜紫宸◎著 |
| 顧　　　問 | 曾文旭 |
| 總 編 輯 | 王毓芳 |
| 編輯統籌 | 耿文國、黃璽宇 |
| 主　　　編 | 吳靜宜 |
| 執行編輯 | 林苡宜 |
| 美術編輯 | 王桂芳、張嘉容 |
| 行銷企劃 | 姜怡安 |
| 校　　　對 | 費長琳 |
| 封面設計 | 阿作 |
| 法律顧問 | 北辰著作權事務所　蕭雄淋律師、嚴裕欽律師 |

| | |
|---|---|
| 印　　　製 | 世和印製企業有限公司 |
| 初　　　版 | 2017年9月 |
| 出　　　版 | 捷徑文化出版事業有限公司 |
| 電　　　話 | （02）2752-5618 |
| 傳　　　真 | （02）2752-5619 |
| 地　　　址 | 106 台北市大安區忠孝東路四段250號11樓-1 |

| | |
|---|---|
| 定　　　價 | 新台幣350元／港幣117元 |
| 產品內容 | 1書 |

| | |
|---|---|
| 總 經 銷 | 采舍國際有限公司 |
| 地　　　址 | 235 新北市中和區中山路二段366巷10號3樓 |
| 電　　　話 | （02）8245-8786 |
| 傳　　　真 | （02）8245-8718 |

| | |
|---|---|
| 港澳地區總經銷 | 和平圖書有限公司 |
| 地　　　址 | 香港柴灣嘉業街12號百樂門大廈17樓 |
| 電　　　話 | （852）2804-6687 |
| 傳　　　真 | （852）2804-6409 |

▲本書圖片由 Shutterstock提供。

## 捷徑 Book站

現在就上臉書（FACEBOOK）「捷徑BOOK站」並按讚加入粉絲團，
就可享每月不定期新書資訊和粉絲專享小禮物喔！
http://www.facebook.com/royalroadbooks
讀者來函：royalroadbooks@gmail.com

**國家圖書館出版品預行編目資料**

我真的不是潑冷水！不要讓創業套牢了你的青春／
杜紫宸著. -- 初版.
-- 臺北市：捷徑文化, 2017.09
　面；　公分(視界講堂：002)
ISBN 978-986-95079-1-2(平裝)

1.創業　2.成功法

494.1　　　　　　　　　　　106010483